TIME WAS SOFT THERE

A PARIS SOJOURN AT SHAKESPEARE & CO.

愛上莎士比亞書店的理由

傑若米・莫爾瑟 Jeremy Mercer—著　劉復苓—譯

目次 *contents*

如此善待陌生人的老喬治
——《愛上莎士比亞書店的理由》推薦序

作家 辜振豐

一般人對於巴黎的印象，不外乎名牌、艾菲爾鐵塔和一些觀光景點，至於書店倒是受到忽視。巴黎的文化能夠展現多采多姿的面貌，就是善於接納外人。二十世紀初期，一些畫家如畢卡索、馬蒂斯、莫迪安尼、梵谷都曾經待過巴黎，至於作家如海明威、費茲傑羅、安德森、喬伊斯也於此留下足跡。喬伊斯當年的名作《尤里西斯》就是由巴黎的莎士比亞書店推出上市。這家書店的女主人就是來自美國的雪維兒·畢奇，但二戰之後的莎士比亞書店卻更換了主人，這背後當然有一段奇妙的故事。

傑若米·莫爾瑟所撰寫的《愛上莎士比亞書店的理由》，內容就是敘述這段令人感動的故事。有趣的是，老喬治也是來自大西洋彼岸的美國，過去浪跡世界各地，最後落腳於巴黎。一開始在索邦大學修課，閒來無事，用街上要來的錢到處淘書，因此在旅館內成立小型圖書館。某日，鑰匙丟了，以後乾脆就不鎖門。他信仰財產共享和人民公社，先後以咖啡和食物請客。因此，莎士比亞書店的構想就此萌芽。一九五一年八月，喬治的書店正式開張，取名為「密斯托拉」，奉行馬克思名言「竭力奉獻，取之當取」。

一九六二年，雪維兒．畢奇去世，兩年後，適逢莎士比亞四百歲冥誕，喬治買下她的藏書，易名爲「莎士比亞書店」（Shakespeare & Co.），平時鼓勵、接納未成名作家、希望每個住戶每天工作一小時和讀一本書。跟雪維兒的書店相比，這家以新面貌亮相的書店也有許多知名作家前來光顧，如亨利．米勒和安娜伊絲．寧，而愛爾蘭作家勞倫斯．杜瑞爾在此創作《亞歷山大四部曲》（The Alexandria Quartet）。

作者能夠完成此書，倒是要歸因於生命的偶然。他是一位加拿大記者，整天爲了新聞，到處扒糞，揭人隱私。上個世紀末，報導一位竊賊而遭到了電話恐嚇，爲了生命安全，匆匆買了機票，逃到巴黎。不過，住了幾天之後，便幾乎花光身上的零用錢，靈機一動便投靠莎士比亞書店，從此生命出現了轉機。

莎士比亞書店跟巴黎都樂於接納外人，尤其店裡一扇門的門框上漆上——「要對陌生人親切，他們可能是僞裝的天使」。這就是主人喬治所展現的善意，但他故鄉麻州的塞勒姆（Salem）在十七世紀曾經發生「獵殺女巫」的醜聞，劇作家亞瑟．米勒曾經以此事件撰寫了《激情年代》（The Crucible），但主旨是影射一九五〇年代麥卡錫的白色恐怖，這故事也改編過電影。從部落社會開始，人跟陌生人初次見面，難免帶有不安和敵意，這時善意款待（hospitality），彼此可以拉近距離。顯然，這就是莎士比亞書店所展現的「地靈」（genius loci）。hospitality後來演變成客棧（hostel）和醫院（hospital），兩者都帶有「款待」之意。獵殺女巫是排除異己的行爲，但款待則是積極與異己交流，因此兩相比較，老喬治的確跳脫故鄉舊有的框框。

老喬治宣稱莎士比亞書店是一個「社會主義理想國」，但這並不是說各個住客之間沒有角力，畢竟人具有權力欲望和自尊。這一來，作者一住進書店之後，難免有些疑惑，因為老喬治的條件竟然是要他趕走一位叫賽門的詩人。根據店內掌櫃高楚人的說法，他經常偷錢，又不守規矩，另一個叫克特的住客也建議趕走他。作者跟賽門聊天之後，得知他來自倫敦，有一段得意的日子，但後來由吸毒進而販賣毒品，遭到起訴。作者跟他明示老喬治的決定，他仍然沒有離開的意願。作者也沒有繼續堅持，等到告知喬治，這位書店主人只是開玩笑說：「你中了他的魔法。」日後，老喬治也沒有再提到要賽門滾蛋的事情。

誠如作者指出，如果莎士比亞書店眞的是作家的庇護所，那麼，眼前這位詩人還沒有準備好重回現實世界。他沒有全力執行趕人的任務，心中有一種不夠忠心的罪惡感，可是他眞心覺得，喬治已經收留這個人那麼久，他絕不想採取克特大膽的建議，把這個人的家當直接丟到馬路上。老喬治愛才跟寬容之心可見一斑！他總是給這些失意人更多好機會，等待他們日後在作品中大放光芒！果然，上帝不負苦心人，後來，愛爾蘭丁格爾鎮的文學祭邀請賽門去朗誦詩歌，而且由作者陪同。當天，賽門朗誦作品的內容是關於「莎士比亞書店前的櫻桃樹已經開花」。

其實，老喬治不管是對人或書店，總是能夠化危機為轉機。一九六八年，巴黎爆發學生運動，學生罷課，工人罷工，使得整座花都風聲鶴唳。當時治安人員時時監控學運分子，而莎士比亞書店也難以倖免，因爲老喬治收留一些左派分子。爲此，老喬治受到警告，並要他每天用文字回報店內住客的身分背景，然後再送到派出所。從書店到派出所，由步行而騎自行車，固然省下不少時間，但他不勝其煩。最後，老喬治發揮想像力，要每位住客親自寫下自己的自傳，並描述來到書店的機緣，後來警察才收手。老喬治是一位老左派，二戰之後加入共產黨，時時發言批判美國軍事經濟，甚至揭發冷戰的謊言和反對越戰。書店曾一度被迫停業，他認爲是美國背後施壓，之後，法國政府以沒有繳交外國人在法國做生意的相關文件爲藉口，禁止書店繼續營業。但他繼續保持強勢，再度收留激進分子，舉辦演講、開放圖書室，接著還寫信向當時的文化部長安德烈・馬爾羅（André Malraux），經過一年多的努力，終於取得營業執照。

他並沒有罹患左派幼稚病，成天吶喊革命，或是幻想資本主義即將崩潰！正如同作者指出，在他所期待的「革命」到來之前，他被迫住在資本主義社會裡，以不傷大雅的方式來參與經濟。顯然，老喬治心中念念不忘還是將書店好好經營下去，並繼續照顧未成名的作家。喬治早就學會了過簡單生活，他曾經周遊世界，隨身行李只有一件換洗襯衫，和一本平裝書。開了書店，這些節儉經驗更形重要。他用手洗衣服，只吃最基本的食物。盡量不上餐廳和電影院。在這種生活方式下，不但靠著書店微薄進帳過活、提供伙食，還能夠存錢擴張書店。

作者洞察到喬治的生意經，因爲喬治認爲賣書不一定能夠致富，但他善於運用腦筋，才得以讓莎士比亞書店持續經營下去。印製明信片賣給遊客；從教會買二手書，然後高價轉售；把外表尚新的二手書偷偷塞在原價出售的新書中；書店營業到十二點；挨家挨戶賣書等等。最大的創舉——亨利．米勒《北回歸線》在美國遭到查禁，他拜訪巴黎各個美國學生住處，推銷這本不道德的書，很少有推銷不成的時候。

毫無疑問地，作者深具洞察力、精準掌握書店的生態，但行文之間也坦率交代自己的心理問題。比如說，一位來自波士頓的史考特本身研究班雅明，特別來到巴黎探查這位德國思想家所留下的足跡。老喬治向來欣賞有才氣的新住客，每逢客人前來造訪，總是大力推崇一番，甚至表明出國期間史考特可以住在他的臥室。對此，作者認爲史考特已經取代他，成爲喬治的頭號助手，嫉妒之心油然而生。但後來史考特跟一位叫蘇菲的女住客太親近，使得喬治大爲不滿，於是兩人開始貌合神離，歸根究柢就是喬治不希望住客因愛情而破壞情緒，畢竟愛情大多以毀滅收場。

看來在莎士比亞書店裡，美好的愛情跟婚姻總是短暫的，而令人難過的衝突、嫉妒也是短暫的。不過，也因此穩住書店的未來。首先，喬治有兩次婚姻和一些愛情的火花，而第二次婚姻生下女兒雪維兒，但太太總是希望喬治好好照顧這個「小家庭」，但他太愛護書店和住客所形成「大家庭」，致使兩人以離婚收場。這一來，女兒便跟媽媽前往倫敦定居。此時，作者擔心老喬治身體老邁，來日不多，而喬治也得知一位旅館大亨企圖收購書店。喬治很怕死後留給女兒，卻被太太從中搞鬼，轉賣給大亨，以便賺一大筆錢。最後，所有住客也不再爲了小事而心懷鬼胎，大家齊心協力運用各種方式保住書店。

其中，還是善解喬治心意的作者想出最有效果的方案——說服她女兒擔任接班人。作者親自到倫敦跟他女兒見面，並轉達喬治的心意。幸好，雪維兒回心轉意，決心回到巴黎，繼續經營莎士比亞書店。

本書以生動的文筆敘述莎士比亞書店主人喬治的大半生，誠如作者指出，「……是的，它在文壇有極高的重要性，可是更重要的，莎士比亞書店是個庇護所，就像對岸的教堂一樣，是一個主人讓每個人取之當取、竭力奉獻的地方。」不過，另一方面也記錄了作者精神成長的歷程——過去爲了私利，到處揭人隱私，但受到喬治的感染而爲書店、他人貢獻一己之力。也難怪作者在結尾強調：「和喬治在一起、住在莎士比亞書店徹底改變了我，讓我質疑被我拋棄的生活、以及我眞正想要過的生活。現在，我坐思、我打字、我努力成爲更好的人。人生是未完成的課題。」

《愛上莎士比亞書店的理由》能夠在台灣上市，非但適逢其時，而且可以激起更多話題，因爲獨立書店相繼亮相，例如唐山書店、小小書房、青康藏書房、有河書店、茉莉二手書店、雅博客、胡思、永楽座以及舊香居書店等等。値得一提的是，在這些店裡經常舉辦新書發表會，鼓勵年青作家，並積極跟讀者互動，相信這些書店對文化的貢獻絕不亞於一家大學！

譯後序

後來呢？整本書讀下來，這位作風獨特、愛喝青島啤酒、堅持爲文人建立馬克思理想國的壞脾氣老人喬治，形象已經深深刻印在我腦海，遙不可及、卻又彷若故知。因此，翻譯完這本書，我急切想要知道喬治的現況，想知道早已成爲觀光勝地的莎士比亞書店，是否還堅守著文壇「原點」的理想。

傑若米．莫爾瑟於西元二〇〇〇年亡命天涯、來到巴黎，意外住進莎士比亞書店，當時喬治已屆八十六歲高齡，十一年後的如今，喬治是否依然健在？是否依舊站在幽暗的書店角落，滿意地欣賞他一輩子的事業結晶，鞭策留宿作家寫出像樣的作品？

於是，我寫了一封電子郵件給書店目前的經營者、喬治的女兒雪維兒，詢問書店現況，並表達我想要造訪書店之意。出乎我意料之外，我很快便接獲回信，我從雪維兒活潑熱情的字句中，彷彿看見了一頭俏麗金髮的她露出亮麗的笑容。

雪維兒當初也沒想到，當時才二十一歲的她在莫爾瑟的居中牽線下重返巴黎，進而愛上莎士比亞書店，還從父親手中接下書店管理工作。她傳承父親的哲學：「要對陌生人親切，他們可能是僞裝的天使」。留宿作家、延續說書會和周日茶會的傳統，但年輕的雪維兒也為這家已有六十年歷史的老書店注入新血。她說：「書店每天擠滿觀光遊客，與匆匆地談論著二〇年代和五〇年代的豐功偉業。這家書店不應該只是巴黎的歷史，它也正在創造未來。」

自西元二〇〇三年起，雪維兒創辦了兩年一度的文學節活動（Festivalandco），想要藉此喚醒巴黎文壇，激發大眾熱情。活動邀請當代作家與詩人介紹作品、進行對話，至今已成為巴黎藝文界引頸盼望的盛事。二〇一〇年的文學節，曾因經銷錯誤而與喬治鬧翻的佛林蓋堤也應邀出席。

除了文學節之外，書店也邁入了現代化。雪維兒將店裡兩萬八千本新書納入電腦庫存系統；並大幅增加法文小說英譯本藏書、刪減旅遊指南。同時，她嚴格要求留宿店裡的作家每天必須分攤書店工作幾個小時，還將留宿人數限制在六人以內，希望能在兼顧實際面的情況下，繼續恪遵書店好客的傳統。

雪維兒在給我的回信中提到，莎士比亞書店一直給作家、詩人、翻譯者和愛書人士家一樣的感覺，他們很歡迎我的到訪，希望有機會與我喝杯茶或紅酒。我也表示，必定在不久的將來帶上葡萄美酒與他們分享，只可惜雪維兒告訴我，她現在不准她老爸喝酒了，因為老喬治今年已經九十七歲，即使身體依舊健朗，也不宜貪戀杯中物囉！

劉復苓於布魯塞爾

作者的話

以下是我藏身於巴黎一家老書店的際遇，以及期間發生的種種精采事件。撰寫這樣的回憶錄時，眞相變得容易修剪。若要全盤托出我來法國的緣由，以及書店裡的一切，絕非一本書所能道盡。因此，我將這些事件精簡、濃縮、再精簡。在時間順序上稍作修改，將部分事件加以省略或改變；同時還應某人要求，更改了他的姓名。

除此之外，這是一段如假包換的眞實故事。

I

那年冬天，一個灰濛濛的周日，我走進這家書店。

在那段不順心的日子裡，我常外出散步，那天也是。我散步從來沒有目的地，只是在城中街道隨性漫步、轉彎，純粹打發時間，暫時忘卻眼前煩惱。穿梭在喧鬧的市場、寬闊的大街、修剪整齊的公園和大理石紀念碑，居然能夠輕易地將自我埋沒在其中，真令人意想不到。

那一天中午剛過，天空下起了毛毛細雨。起初，雨小得連我的毛衣都不會濕，根本不妨礙我繼續散步。可是到了黃昏時分，突然雷電交加、大雨傾盆。我得立刻找地方躲雨，我在聖母院附近，一眼望去，黃綠交錯的商店招牌全都在河的對岸。

我來到巴黎已經一個月，早就聽聞這家傳說中的書店。我當然感到好奇，而且早就想要造訪。可是，當我在疾風中穿越人群雨傘快步過橋的時候，根本沒有想到這些傳聞。我只想找個地方躲避風雨，等這場雨過去。

書店外面，還有一群遊客勇敢地在雨中把握最後的照相機會。他們用厚重的旅遊指南爲相機擋雨，笑容止不住牙齒打顫。有個穿著雨衣、帶著雨帽的女人瞪著她那還在調整鏡頭的老公。「快點，」她催促著，「快一點。」

透過書店櫥窗上的霧氣，可以隱約看到溫暖的光線和移動的身影。左邊有一道狹窄的木門，綠色的油漆已經斑駁剝落。推開軋軋作響的木門，令人欣喜的景象立刻映入眼簾。破舊的屋梁上，垂掛著一盞光彩奪目的水晶吊燈，餘光瞄到角落有個肥胖的男人正在擰乾他被雨淋濕的綠色長衫。櫃臺前面擠著一大群顧客，大聲嚷嚷爭奪店員的服務。最壯觀的是書。到處都是書，塞滿在木頭書架上、堆放在紙箱裡、桌子和椅子上也盡是搖搖欲墜的書堆。眼前的狂亂景象中，還有一隻長相滑稽的黑貓在窗臺上伸懶腰。我發誓，牠抬頭時還對我眨了眨眼。

門外的旅行團推門進來，帶來一陣勁風。我趕快往裡面走，穿越擁擠的櫃臺前，再走上兩層漆著「活出人性」的石階，進入一個大廳。這裡擠滿了書桌和書架，堆放的書也更多了。再越過兩道門，來到書店更裡面，陰暗的光線從頂上天窗滲入。我在光線下看到了一個不可置信的景象：那是一座嵌著鐵製邊框的許願井，井邊有個男人正彎著膝蓋，從水裡撈出一個個的大額硬幣。我走過去，他抬頭看我，立刻伸手護著撈起來的硬幣。

我趕緊躲開那個男人，來到一條狹窄的通道，發現此區藏書好像都寫著俄文。接著，我轉錯彎來到走廊盡頭，看到好幾本紙張發黃的雜誌，一把沾著泡沫的刮鬍刀放在封面是馬達加斯加叢林的雜誌上。一小塊泡沫正好落在圖片中曲身的美洲豹身上，成爲豹紋中很不自然的一點。

我往回走，來到一面專門收錄德文小說的書牆，然後又跌跌撞撞轉到了一座結構鬆散的書堆前面，這裡堆放的全都是封面華麗的藝術書籍。旁邊有個鑲有彩色玻璃、閃著昏黃燈光的壁龕。有個女人蹲在裡面，嘴裡呢喃著義大利文，吃力地從搖曳的燈光中辨識書名。

最後，我又進入另一道門，回到了有許願井的那個房間。剛剛那個撈錢幣的男人已經不見了，可是旅行團卻湧入、占據了整個空間。此起彼落的閃光燈幾乎讓我什麼都看不見，一個個淋濕的肩膀從我身邊擠過，一行人最後走入我剛剛走過的曲折廊道裡。

這時候我發現，咖啡館才是最適合躲雨的地方。於是我小心翼翼地向外走，經過店員和那隻會眨眼的黑貓，終於走出綠色大門。豆大的雨滴讓我心生猶豫。正當我在門口踟躕不前時，我看到書店櫥窗旁有個嵌在牆上的木製書架。上頭的平裝書都已經潮濕、膨脹，可是每本書只賣二十五法郎，就連當時失意的我也買得起。我特別留意到《青年藝術家的畫像》[1]這本書，我想這倒不失爲消磨時間的便宜方式，於是我又走進店裡。

輪到我付錢時，年輕的女店員對我粲然一笑，並且把我買的書的封面打開，小心翼翼地在標題頁蓋上莎士比亞書店的華麗店章。然後，邀請我上樓喝茶。

2

我以前在加拿大某個中型城市的報社工作，主跑社會新聞。我們都喜歡對外宣稱我們有百萬人口，不過，這是把一小時車程外的農村也算進去。對我來說，更重要的統計數字是謀殺率。當地謀殺率長期維持一年十五到二十件，鼎盛時期還達到二十五件，至少對於一個社會新聞記者來說，這算是鼎盛時期。

這是個骯髒污濁的職業。我必須窺探人生的黑暗角落，扯出邪惡病態的事情來接受公評：女嬰被人用手電筒塞入下體、幼兒在保姆打瞌睡時淹死在自家後院的游泳池、年輕的父親被一群酒醉的年輕人開車輾過。這就是我每天的工作，一個接著一個的遺憾事件逐漸扭曲我的道德觀、削弱我的同情心。

這份工作雖然令人憎惡，但也不難看出它對社會的貢獻：報紙有義務隨時了解警方活動；報導悲劇能幫助社會更了解死亡和人類的困苦；詳實揭露能夠破除這類事件所產生的

---

1 詹姆斯．喬伊斯（James Joyce, 1882-1941）著，為其半自傳體作品，揚棄傳統小說技巧，獨創一部現代主義的長篇作品。其故事延續至《尤里西斯》和《芬尼根守靈記》，可說是本書的續篇。

謠傳和閒言閒語。在那些可悲的夜裡，我面對臉龐被眼淚浸濕的母親，厚著臉皮向她索求剛剛往生的兒子的照片。我會這樣安慰自己：當別的母親隔天在報紙上看到這張照片，她會把自己的孩子抱得更緊。

城中所有社會新聞記者每回討論謀殺案時，都會這樣自我欺騙。我們成功的標準是誰的報導最常登上頭版，或者讓晚間電視新聞跟進報導。我們一致認爲，家鄉的犯罪故事實在不夠精采，所以夢想著到多倫多這樣的大城市工作，在那裡，一年的謀殺案件可以高達五十件，平均一個禮拜就有一件，這多棒！有一次，有位同事酒後吐眞言，抱怨著難得一個周末發生四起可怕的謀殺案，偏偏他出城參加朋友婚禮。其中有兩宗的行兇凶器是榔頭，死者腦漿濺滿天花板。這位同事不敢相信他居然錯過了這麼大的樂趣。

起初，我也很喜歡這份工作。深夜親訪重案現場、尋寶似地搜索死者資料和照片、起勁地趕截稿時間，並且和友報競爭。這是對人類靈魂污穢流膿的角落大舉扒糞的絕佳機會。其他人經過意外現場只能遠遠地引頸觀望，而我卻能進入血腥的失事地點，享受這若有似無的滿足。

不過，我從事這份工作另外還有個私人原因。我自己剛好也有不可告人的醜事，所以更想去挖掘別人的秘密。置身於黑暗和不幸當中，能讓我覺得正常一點。

我有幸透過實習進入報業，當時才二十出頭，還是城裡大學的新聞系學生。我向報社編輯自薦，趁寒假期間，許多正式員工安排休假時進入實習，讓滿腔熱血的我，能紓解他們人手不足的問題。不出意外，事情很快就有了精采的發展。

那天剛好是聖誕夜，報社有位資深社會新聞記者外出調查他從警察電臺聽到的一宗緊急事件。他回報了兩項重大消息：第一，警方發現屍體。有四具屍體顯然是被謀殺；第二，這位記者早已訂好當晚的飛機，要和妻子一家人過節。必須有人代班，編輯看著幾乎全空的編輯室，最後決定豁出去，派我去採訪。

我來到發現屍體的這座廉價出租公寓大樓，坐電梯進入犯罪現場。打開門後，屍體腐爛的臭味讓我作嘔。走廊的盡頭已經有大批的記者和攝影機聚集在警察封鎖線後方。封鎖線的另一端，則有一位穿著制服的警察守候在掛上塑膠布的門口。

我的工作是守在封鎖線旁，等待警方對媒體發言。等到了解犯罪細節後，最重要的任務，就是趕在友報之前查出死者身分。友報屬小報性質，專門報導名人八卦，第三版還會固定刊登裸女照片，而且在有關死者的細節上，總是能夠搶到獨家。

我到了以後沒多久，電梯門又打開，走出一位穿著制服的警官，手上還拿著速食漢堡的紙袋。當他跨越封鎖線、掀開塑膠布準備走進公寓時，一陣腐爛的屍臭味飄出來，讓所有記者立刻退避三舍。兩位穿著消毒衣褲、帶著網帽、套著鞋套的刑事鑑定家走出來，鞋套上沾滿了屍塊的黏液，兩個人卻還能在血泊和屍臭味當中，若無其事地大啖薯條和奶昔。

最後，警長終於現身。他拉下藍色的醫用口罩準備發言：有個男人用獵槍殺死了老婆和兩個小孩，最後再自殺。兩個小孩的屍體已經很難分辨，因爲他們的臉已經被高口徑的獵槍轟得粉碎，更糟糕的是，室內溫度被調得很高，屍體在高溫的公寓裡腐敗至少有十天。雖然警方已經知道這家人的姓名，可是在沒有通知其他家屬之前，不得對外公布。就這樣，這就是全部的資訊，祝大家聖誕快樂。

現場除了兩位攝影記者急忙趕回電視臺、把影帶交給夜間新聞報播之外，沒有人有離去的意思。那家八卦報紙走到警長身邊，還不斷地做筆記。可是這位警長卻拒絕回答我的問題，他說他從不私下和不認識的記者交談。我不知如何是好，於是打電話回報社。

「問不出姓名？」報社要我再加把勁。我敲遍了大樓裡每一戶人家，一無所獲，只有一位獨自過節的老阿嬤請我喝了一杯聖誕夜杜松子酒。我又打回報社，請他們查詢電話簿，但這家人顯然沒有登記。我甚至還請門口的警察幫忙，求她可憐一個無助的實習生，可是她只是狐疑地搖搖頭。

接下來的事情，我將它歸因爲我太想讓編輯對我刮目相看，再加上我不想被這篇報導打敗的瘋狂競爭心態。我搭電梯下樓，在大廳看到一排品質低劣的金屬信箱，死者一家的信件塞滿了他們家的信箱。這只要用汽車鑰匙就可以輕易撬開，於是我拿出了他們的電費帳單、停車繳費單、聖誕卡片，上面全都是這家人的姓名。當我告訴警長我已經知道死者的姓名，他顯得非常不悅。那天晚上編輯非常高興。可是，我沒有告訴任何人我如何獲得這些資訊。

這雖然不是最棒的聖誕節，但我的表現已經向報社證明我有當記者的條件。因此，他們聘我爲特約記者，接著，又讓我在暑假進報社打工，最後成爲正職記者。這件事讓我堅信我很適合這份工作。我不會對犯罪現場感冒，甚至還備受吸引。沒有其他事物要比信箱更證據確鑿。在電話帳單和垃圾郵件當中，我還看到維多利亞的秘密最新內衣型錄，是寄給死掉的女主人的。我把它帶回家，留給自己欣賞。

五年來，我就是這樣努力工作著，同時感受著骯髒和樂趣。每次看到中年男子牽著小孩，都會懷疑他是不是綁架孩童的戀童癖。新聞不多的時候，我會深入挖掘凶殺案和搶銀行重案，設法搶到頭版。與八卦報紙競爭的壓力不斷折磨著我。有一次有個女嬰被遺忘在八月高溫下的汽車裡，我取得獨家後，舉起一張椅子丟進辦公室，還因此被停職了一陣子。

在這樣的環境裡，事情會快速急轉直下。當時我正和一位好女孩交往，但我們的關係因此受到影響，最後，我的不快樂終於導致我們分手。我只能對著警察、辯護律師或其他同行傾吐，只有這些身處在相同噩夢裡的人能夠了解我。可想而知的，我開始酗酒，每晚讓酒精麻醉自己。

到最後，我因爲看過太多犯罪現場、跨越太多道德界線，自己的人生顯然被工作拖果。太多跡象告訴我，我該抽身了。緝毒警察開始盯上我，威脅要對我提出告訴。我差點因爲酒駕被捕。然後，我又捲入一名心臟外科醫生和妓女不可告人的緋聞當中。可是眞正讓我決定辭職、脫離這種生活的，是一通夜間來電。

那是西元一九九九年十二月的一個晚上，離眾所矚目的千禧年只有兩個禮拜。我待在公寓裡，將一段專訪打成文章、同時喝光了一手啤酒。電話在午夜響起，我心想應該是附近酒吧要拉生意，於是電話才響一聲，我就立刻接起。

結果，是我認識的一名竊賊。我以前在報紙上寫過他的事蹟，他很享受這篇報導爲他帶來的名聲。有時候他甚至還會加油添醋，讓他的經歷更加精采。幾次合作後，我們成了酒肉朋友，會一起喝啤酒、談論我們熟悉的警官、律師和罪犯有哪些八卦。

早些時候，他爲了還我人情，向我描述了他精心安排的十五萬元的竊案細節，好讓我寫入我的書裡。電話打來的幾天前，這本書剛出版，裡面有些內容是他千交代、萬交代不能透露的，特別是他的姓名。雖然我設法說服自己並沒有違背我們的約定，可是我還是擔心他的反應。他眞的是氣得要死。

他一向習慣暴力相向，曾因爲謀殺而入獄，大家都知道他的脾氣大的不得了。他曾暗示我，如果我背叛他的信任會有什麼下場——反正就是他會用球棒打斷我的膝蓋之類的。他曾吹噓要教訓我有多容易，傷害罪不會在牢裡蹲太久，花個幾百塊，就可以請到一堆人願意帶著滑雪面具、充當打手。

那個十二月份的深夜，我注定要遭到更慘重的教訓。他在電話裡大聲叫罵，說我已經成了街頭追殺的對象，猶如過街老鼠人人喊打，誰叫我要出賣朋友，取悅警察，或者我的情況應該是取悅讀者大眾。基於禮貌，他不會親自動手，只是警告我，他會假他人之手。掛電話前，他要我小心一點。

我慌了。事後回想，也許這不算是眞正的死亡威脅，也許是我反應過度了。可是當晚我卻害怕得大汗淋漓，嚇得把電話摔在地上，趕緊打包衣服細軟，躲到朋友家避風頭。接下來的一個禮拜，我辭去報社的工作，搬離我的公寓，終止汽車租約，所有家當能送人的全都送人。只要有腳步聲靠近，我就緊張的不得了。接著，就在新年來臨的三天前，我坐上飛往巴黎的飛機，把一切拋在腦後。

3

那年歲末，巴黎異常熱鬧。全球各大城市競相比賽誰的千禧派對最精采，巴黎也奮力一搏。商店櫥窗堆滿香檳和千禧年的新玩意兒，艾菲爾鐵塔裝飾著閃爍的燈光和煙火，香榭大道兩邊豎立著藝術家精心粉刷的摩天輪，等午夜一到，就拉下油布向世人展示。巴黎處處充滿歡快活潑的燈綵。

可是，絢麗的表面下卻充滿殺機。紐約的除夕夜向來是狂熱分子和恐怖分子最活躍的時刻。一九九九年底，有很多人自稱是從以色列逃出來的耶穌，美加邊境查獲了一整車的炸藥，還有許多人囤積飲水罐頭，以便迎接天啟災禍。全世界治安亮起紅燈，更糟糕的是，還有Y2K千禧蟲的威脅，人們害怕屆時電話系統將全面當機，天空上的飛機還可能墜落。巴黎市裡比較保守的人甚至害怕暴動發生而提前離開。我在地鐵站遇到一位年輕女士，她甚至還想說服我跟著她的家人一起到布列塔尼海邊避難。

我急急忙忙逃離加拿大，現在已經累得不想動了。飛機在戴高樂機場降落後，我就近在克利尼揚古爾門附近租了一個房間。這裡是城北的非裔地區，旅館就位於流浪狗猖獗的路邊，環城道路的交通讓空氣中彌漫著揮之不去的煩悶焦躁。要到我的房間得辛苦地爬上六樓，進入後，站著不動就可以碰觸到四面牆壁。可是，我沒什麼好抱怨的。這裡很便宜，也很適合我重新出發。

我匆忙離開，未多加思索就選擇巴黎。當初我大學還沒畢業就被報社錄取，還差一個學分才能取得學位。年輕氣盛的我，根本不認爲有一天我會需要文憑，可是現在前途茫茫，應該要先把大學念完的。那時法文課沒修好的學分，我想現在學校或許會承認我在法國修的課程，便趕在最後一刻訂了前往巴黎的班機。

然而，我毅然決然放棄看似多采多姿的生活，此舉讓我的家人很擔心。我的父母是典型正派、負責任的人，母親是科技公司的經理，父親是公立高中的輔導老師。我姊姊和我從小在舒適的城區長大，父母盡一切所能培養我們：音樂課、小聯盟棒球比賽、全家到湖邊度假等等，各種小康家庭的該有資源，我們都不虞匱乏。他們只希望兒子能過著正常、穩定的生活，我不能告訴他們我遇到麻煩了。等到啓程的前幾天，我才向他們坦承我已經辭職、準備出國，暫時沒有回來的打算。我試著用謊言撫平他們的擔心——這份工作壓力太大；我想在三十歲前環遊世界；我不想在千禧年的第一刻等待別人遭遇慘劇。我的父母心生疑竇，但最後還是接受了我的說法。

至於我實際的處境，雖然聖誕節後的這一個禮拜我安然無事，可是卻有一次驚險的經驗。正當我覺得自己似乎對那通電話小題大作時，我的公寓遭人闖入。就在接獲威脅的幾天後，我回家收拾東西、準備搬家。這之間我到街角的餐廳吃飯。回家後發現家門大開，幾個箱子被翻得凌亂，馬桶裡漂著一截菸蒂。我可以告訴自己我忘了關門、箱子是我自己弄亂的，但我確定我不抽菸。看來，有不速之客曾經造訪。

飛到歐洲，我暫時能夠保住小命，可是還有問題需要解決。主要是錢的問題。我在報社的薪水優渥，閒暇之餘完成的書，也賺進不少版稅，可是我的生活相當揮霍。每晚外出用餐、喝酒，冬天到熱帶島嶼度假，一臺很不實用的德國房車，多得不得了的3C產品，一疊又一疊很少聽的CD……更丟臉的是，我曾經一整年使用免洗餐盤、叉子和杯子，只爲了省去洗碗的麻煩。

這種生活方式根本是自掘坑洞，那通電話打來的時候，我的信用卡早已刷爆，連到蒙特婁的公車票都買不起，更別提要去巴黎了。離開報社多少對我有幫助，因爲我領到了兩千多塊的未休假獎金，讓我買了去法國的機票，另外還有剩餘能夠帶在身邊，可是這筆錢撐不了太久，省著用大概可以撐六個禮拜。

顯然我必須爲未來設想，而且現在就要有所行動。我一點都不想回顧留下的混亂，我要跑開、迅速地跑開。沒有任何計畫，只是隱約想要探索生命的可能，企圖了解我怎麼會落得這樣一個下場。

在刻意安排的巧合之下，我有個好朋友同一時間也在巴黎。戴夫是我大學時代的朋友，我們曾一起編校刊。在那段年少輕狂的歲月裡，我們因爲發現彼此都是夜貓子而變成好朋友。此時，專門報導股市的戴夫休假一年，進行環歐旅行，還要到奧地利山上滑雪。他知道我的困境後，特別繞到巴黎來，和我共度千禧年的第一個早晨。

我們在旅館前擁抱，他的出現讓我精神爲之一振。戴夫身材高瘦，留著一頭棕色的捲髮，對生命有著滿溢的熱情。他再三要我放心，說他一定能讓我忘卻煩惱，然後就邁開大步，急著要帶我參觀這個城市。

「巴黎張開雙臂歡迎你，」他指著撥雲見日的天空說著，「我已經來三天了，這是我第一次見到太陽。」

我們一面走著，一面沉醉在目不暇給的美景中。就連最普通的十字路口也點綴著雕刻石門、漂亮的木製百葉窗和雕琢華麗的鐵質街燈。這和我剛離開的城市剛好成對比，在家鄉，主要建築設計全都以經濟和實用爲考量。兩地審美觀大不相同，讓我對巴黎更感心醉。

我們穿梭在壯麗的街道中，來到一座巨大的石階前面。戴夫三步併作兩步地攀上去，並且向我保證辛苦絕對是值得的。當然，等我們到達頂端，整個巴黎都在我們的腳下。

我們登上了蒙馬特的頂端。身後是聖心堂白色的圓頂和石馬，眼前則是整個巴黎，街道清楚可見，直到建築蔓延到地平線、視線逐漸模糊爲止。你可以試著找出萬神殿、羅浮宮、歌劇院，靠著欄杆向外看去，還可以看到艾菲爾鐵塔的鐵架。才不過十二個小時之前，我還身處於嚴寒酷冷的加拿大，一心只想趕到機場、遠離一切。現在我卻俯看這全世界最棒的城市，讓陽光灑在我的臉上，準備恣意揮灑未來。自從我接到那通電話後，清新的氧氣首次進入我的肺部深處。

石板路邊有家餐廳，雖然還不到中午，我們還是決定不點咖啡，改點紅酒。我們坐在戶外，穿著襯衫就已經夠暖和，好好享受這敘舊的時光。

戴夫興奮地敘述他旅行的見聞。他已經離家旅遊好幾個月的時間了，北美洲以外的世界讓他大開眼界。在索非亞，他和一位年輕詩人共度了美好時光。在馬德里，他夜夜陪伴一位石刻藝術家進行雕琢歐洲城市的偉大任務。在丹吉爾，高爾夫球大小的大痲只要幾塊錢就可以買到，而持有西方國家護照的人，可以靠坐船運大麻到西班牙來賺取外快。戴夫明智地拒絕了這份工作。

品嘗著美酒，我開始打開話匣子，告訴他我以往的生活是如何放縱。我在報社曾費了一番功夫研究當地的藥用大麻網路，之前還答應成爲他們的「贊助者」。也就是說，我和其他三位贊助者拿出一千元，幫忙支付室內大麻養殖場的租金和電費。每一次收成可以製作出十二公斤的大麻，我們每位贊助者可以獲得一公斤做爲報酬。其餘的再循管道賣給愛滋病網路和癌症病患。我認爲這是份神聖的工作，而且也可以做爲我寫犯罪書的研究計畫。

在大麻還沒能收成之前，緝毒警察破門而入。有兩位贊助者當場被逮捕，警察曾經三度跟蹤我進出養殖場。我到巴黎的前一個月，還有警官到我的辦公室問話，還好有位律師朋友幫忙，才沒有被起訴。但心中的大石頭一直放不下，這也讓我離開加拿大的心意更堅決。

現在已經日正當中，我們相談甚歡，叫了第二瓶酒，而且很快又喝光了。我們兩個說話的嗓門一定很大，因爲有位街頭藝術家走來抱怨我們嚇跑了他的客人，而且服務生也不願意再爲我們點餐。

我們乾脆離開，坐在聖心堂前面的階梯上，一整個下午就這樣看著一輛輛巴士載來學校團體。戴夫帶著一瓶包裝精美的聖誕琴酒，這是他在加拿大的女友送的禮物。等到火紅的夕陽壟罩著進入黃昏的城市，我們把這瓶酒也乾了。戴夫搖搖晃晃地走下幾階水泥階梯，最後跌倒在地上。他的腳踝腫成紫色，除此之外，一切都非常美好。當晚，我跌跌撞撞走回旅館，對於能來巴黎感到雀躍不已。

除夕夜處處張燈結綵，人潮喧鬧。就在午夜前的幾分鐘，艾菲爾鐵塔上的時鐘居然故障了，所以跨年倒數有點急促，但天空依舊升起了猶如閃電和流星的煙火。香榭儷舍大道旁的摩天輪正式揭幕、啓動，上面坐著特技表演者，鑼鼓喧嚣，同時還飛出上千個白色氣球。群眾蜂擁而至，我和戴夫任由人群推擠著，大夥互相親吻、喝著香檳。在這個外國城市裡擁擠的人群中，我感到自己毫無重量，在生命的潮流中漂浮著，敞開雙臂迎接任何可能。當一群印度教信徒手足舞蹈地經過，從手工織籃裡拿出蜂蜜麵包給我和戴夫吃，我甚至有一股衝動要跟隨他們到未知的境界。最後，巴黎和全世界都平安地跨過了千禧年。儘管之前有許多不祥的預測，還好最後都沒有發生。我不禁把這個新世代的快樂開始和我的人生畫上等號。

接著，一切回到現實。隔天我們因爲宿醉而感到不舒服，而且外頭灰濛濛地下著雨。摩天輪已經被移到協和廣場，遊客花三十五法郎就可以搭乘。戴夫忍著腳傷，坐火車到奥地利。巴黎又回到了日復一日、氣氛嚴肅的冬季。

最初幾個禮拜，我根本不爲未來打算。我到公園裡看書、參觀博物館、上法文課，儘量維持正常的生活。可是，我知道不能一直這樣下去。旅館費用需要支付，我身上的錢也越來越少。想過找份工作，可是我沒有工作證，城裡也不認識任何人，而且連要做什麼都不知道。

我越來越沮喪。某個孤獨的夜晚，我獨坐在塞納河畔，飲盡了一整瓶便宜的紅酒，坐車回旅館時，還在巴士上睡著了。一股燒焦味把我熏醒，是我的頭髮著火了。回頭看到後座有三個大男人正拿著打火機瘋狂地嬉鬧。這個曾經照亮我生命的城市，如今卻跟我作對。

到了一月底，我已經走投無路了，身上的錢只夠再付一個禮拜的旅館費。我鎭日漫遊在街上，虛度光陰，等待發生點什麼事，希望有任何徵兆能告訴我，我該怎麼做。在天空放晴的那一天，我依然像這樣在聖母院前閒晃著。

4

「喝點茶嗎？」

「茶會快要開始了。」

那位女人說她名叫伊芙。有一頭束著馬尾的黑髮、搪瓷娃娃般的笑容，說的英文帶有一點德國腔。她發現我心有遲疑，於是隔著書桌、伸手拍拍我的手臂。

「每周日樓上都有茶會。」

她指著書店後方。儘管我剛剛第一次進入莎士比亞書店的體驗相當怪異，但我還是走向她指的方向。外頭依舊狂風暴雨，我開始忍不住好奇，我得說，不是每天都會有這樣笑容甜美的女人請我喝茶的。

穿越彩繪玻璃壁龕和兩邊的德文書籍，來到書店後方，這裡有一道木梯。鋪著紅地毯的階梯向上通往另一個堆滿書籍的房間，房中有一面鏡子和一座雙層床，周遭都是童書。下鋪的絲絨被單上放了一本敞開的《愛麗絲夢遊仙境》古董版本，床邊還放了一雙拖鞋。

這裡通往兩扇門，我選了右邊的那一扇，進入一個堆放更多書籍的小房間，裡面有一個木櫃、兩張床上有疊放整齊的毛毯，兩個男人正蹲在一個攜帶式瓦斯爐前。其中一人在切洋蔥，另一人則把速食麵壓碎丟入鍋裡。

「茶會在這裡嗎？」

「不，不。我們在煮湯。你要來一點嗎？」其中一人問我，一面向我遞出湯匙。

我驚訝地不知如何回答，只得趕快出來，走向另一扇門。門框上漆著「不得怠慢陌生人，他們可能是喬裝的天使」的字樣。進入這扇門，兩邊的書堆形成一個狹窄的通道，旁邊一扇窗戶，金屬洗碗槽裡堆滿了迷你玻璃水杯，裡面還有一個用布幔隔開、造型怪異的木板隔間。我隱約聽到打字的聲音，因此停下腳步。此時，布幔後方伸出一隻骨瘦如柴的手，把一張手寫的紙條貼在布幔上，上面寫著：「作家寫作中，請勿打擾」。

我小聲地道了歉，趕緊走到通道盡頭，發現自己來到這一層樓的主要房間。只見四面牆壁全都是書架，每一層的深度都可以放得下兩排書；我還看到一個放了打字機的寫字臺，有著黑色金屬邊框的厚重木門，以及另外兩張更小的單人床。從窗戶往下看，剛好是書店大門，對街則是聖母院。

「這裡是圖書館。」

我納悶剛剛進來時怎麼沒看到這個男人，現在我看到他了，頂著一頭黑色的短髮，穿著破舊的羊毛衫，靜靜地坐在床沿，大腿上放著一本法文文法書和法中字典。

「茶會在樓上，」他指著那扇大木門說：「再往上兩層樓，快去吧！你會遇到很多有趣的人。」

門後是樓梯間，我可以聽到樓上人聲鼎沸，交雜著杯盤聲響。爬上後，我看到一扇微開的灰色鐵門，我正準備敲門，此時鐵門突然被人打開，一位美得令人屏息的女人走上前來。

「你有菸嗎？我得抽根菸。」

這位美女有著深紅色的雙唇，身穿三層蓬裙，敞開的毛衣露出線條優美的香肩。我暗自咒罵自己爲什麼不抽菸，這眞是我一生中最大的敗筆。美女對我失望地搖搖頭，嘆了一口氣，便往樓下走去。

我現在只要跨越門檻就行了。我來到一個排滿書籍的客廳，廳中的家具雜亂地擺放著。一位頭繫絲巾、舉止優雅的女士正在原木桌旁小口地喝茶，一隻獨眼白狗在她腳邊睡覺。她正和一個男人交談，這男人穿著黑色風衣、及膝長靴，眉頭深鎖，一副憂心忡忡的樣子。紅色天鵝絨高腳沙發上坐著一個留有整齊鬍鬚的矮小中年男子，正談論著前南斯拉夫的政治情勢。至於窗邊的方桌前，則有兩個穿著喬治亞大學運動衫的男女端著茶杯，面露困惑。

「你來了！」

伊芙把我帶到裡面另一張天鵝絨沙發前，用權威的態度請大家讓出一個座位，推我坐下，又拿了杯熱茶給我，然後就消失在角落。

我坐下來後更感困惑了。現場有十來個人，其中有好幾個人似乎很不尋常。他們激烈地討論著嚴肅的話題，他們全都說英文，而且都大著嗓門，似乎要讓別人聽見。如果精神病院也在周日舉行茶會，並且讓病患著便服參加，情況應該和現在差不了多少。

這裡的書籍都是精裝本，看起來要比其他房間的書還要珍貴。除了好幾集馬克思的著作外，還有俄國革命志士的自傳、歐洲社會主義歷史等等。我隨手拿起一本特克爾的書來翻閱，突然有人拉我的袖子，原來是我旁邊一位表情嚴肅的男子，他小腹突起、留著一頭過長的灰髮。

「我是個詩人。」他說。

「那……很好？」我猶豫地回答。

他受到鼓勵，打開話匣子。他在美國跟老婆離了婚，爲了還債，在匹茲堡一家五金行日以繼夜地工作了七年，最後終於來到巴黎，追逐他的文學之夢。他在城中各大書店朗讀他的作品，其中也包括莎士比亞書店。他出版了一本詩集，剛好帶在身邊，告訴我如果有興趣，可以看一看。

這名詩人在背包裡找尋他的書，此時，伊芙端了一盤小點心。我早就餓得發慌，於是抓了一大把，我們還來不及寒暄，她又被其他客人拉走了。另一位留著油亮雪白長髮、穿著皮背心、全身酒味的男子拿了一張板凳坐在我面前。他看起來就像個骯髒的海盜。

「你在這裡做什麼？」

他的口氣不帶責備，但也毫不友善。我指著我的茶，並隨便找了個有事要來巴黎的理由。

「離開。這城市不好。」巴黎已死，他堅稱，彈盡援絕，破舊枯竭。現在到處都是冒牌貨，他曾親眼目睹一九六八年的五月[2]，如今的情況和當初不可同日而語。他從背心口袋拿出酒瓶，灌了一大口酒，爲他的觀點下了註解。

我心中突然湧出一陣情緒，想爲我選擇的這個城市辯護，於是我描述公園、馬路、市場處處可見的精緻美景，這海盜只一味地搖手反駁我。

「得了吧！你沒有離開的勇氣。你會被困在這裡，就像其他人一樣。」

我被激怒了，準備奮力一搏。可是，我連話都還沒說完，之前那位穿著綠色長裝的男人突然衝進來，抓了一大把點心，然後跌坐在沙發上。海盜被他的舉動嚇了一大跳，就像邪惡的女巫鑽入水裡一樣，而穿綠色長裝的男子則在我身邊扭動，設法把他龐大的身軀擠入沙發。

好吧，我心想。詩人、海盜，以及那麼多奇人異事，這眞是一次愉悅特別的造訪，可是我的茶已經喝完，窗外瀟瀟雨歇、太陽露臉。我從沙發站起身，準備去跟伊芙道謝，我的舉動讓那位終於找到詩集的詩人非常失望。客廳一角有個相當奇怪的廚房。裡面還有一座書架，牆上掛著裱框的《死刑臺的旋律》這本書，一張木桌，冰箱和火爐旁放著一排又一排黏膩的罐頭，散亂的器皿盤子，一罐罐似乎已經發霉的果醬，最令人不安的是，臺子上散落著許多乾扁的死蟑螂。我在這裡找到了伊芙，她正輕鬆愉快地攪著一大鍋茶，熱氣和勞力讓她的兩頰呈明亮的粉紅色。

2 又稱為「五月學運」，原本是一群巴黎大學的學生對校方行政體系不滿，極短時間內席捲法國的各所大學，而且迅速擴大到工人階級，引發了全國性大罷工，並最終導致國會改選、總理下臺。

「你玩得愉快嗎？」她問道，一面用她空出的手遞給我更多小點心。

「這眞是個有趣的下午，」我說，「可是有些客人實在很……」

「奇怪？」她接了我的話，「有一些很特別的人，對不對？我想喬治很喜歡這些人的作風。」

「喬治？」

伊芙停止手邊工作，盯著我看。

「你不認識喬治？」

她把我拉到更裡面。我們走進一個看起來像是主臥室的地方，裡面有一張加大雙人床，三面牆壁都掛滿了照片。其中有海明威、米勒、喬伊斯等作家的照片，其他多半都是同一個人的照片。照片拍攝於不同年間，他留過捲曲的山羊鬍、一頭瀟灑的棕色捲髮，也曾穿著發皺的西裝搭配他的灰色短髮。

「那就是喬治。」伊芙指著其中一張照片說。照面裡的男人靠在一整桌的書堆旁、臉上露出燦爛的笑容。「他是莎士比亞書店的老闆。」

她的言語中透露出理所當然的態度，可是這沒道理啊？沒有一件事說得通。門口的遊客、許願井旁的男人、煮湯麵的那兩個人，還有這些床鋪……到處都有床鋪……

「這裡的一切到底是怎麼一回事啊？」我稍微緊握了一下她的手臂。

伊芙微笑著，就像個老師對她的學生微笑一樣，並且輕輕地掙開了我的手。「這家書店就像個避難所一樣。喬治讓人們免費住在這裡。」

她把我一人留在後屋，我盯著牆上照片，驚嘆著命運的安排。

5

全盛時期，一家名叫莎士比亞的書店曾經是全巴黎藝術家、作家和無數倔強心靈的天堂。

打造這個傳奇的是雪維兒．畢奇（Sylvia Beach）。十九世紀末期，畢奇出生於巴爾的摩，並在紐澤西長大，十四歲首次造訪歐洲。他的父親是長老教會的神職人員，被派到巴黎擔任美國教會牧師的助理，於是舉家於一九〇一年遷往法國。畢奇愛上了這個城市，等一次大戰結束、護士的工作告一段落後，便回到巴黎定居。她一向喜好文學，並且發現此處對英文書籍有極大的需求，因此於一九一九年十一月，在杜普特朗路上開了最早的一家莎士比亞書店。到了一九二二年，畢奇把書店搬到歐德翁路上，就在第六區街旁、聖傑曼德佩區附近。

隱蔽在街角的書店很快成爲城內美國和英國作家的聚集地。包括史考特．費茲傑羅、葛楚．史坦[3]和艾茲拉．龐德[4]等人常常聚在這裡借書、討論文學，並在書店後方的私人客廳喝茶。海明威曾在《流動的饗宴》記錄他在巴黎的回憶，描述畢奇的莎士比亞書店是個「溫暖、愉快的地方，冬天有個大火爐，滿桌滿牆的書籍，櫥窗裡的新書，牆上掛滿各個時代偉大作家的照片。」最值得一提的是，他的好友詹姆斯．喬伊斯的《尤里西斯》手稿被各家出版商貶爲骯髒不入流的小說，畢奇卻出面籌資，出版了這本書。

「當時巴黎到處是才子，」畢奇後來寫道：「而我的書店似乎把他們都吸引過來了。」

一九四一年納粹占領巴黎，當初的莎士比亞書店被迫關門。根據浪漫主義者的說法，關門的原因是因爲畢奇拒絕把最後一本《芬尼根守靈夜》賣給一位納粹軍官，也有人說是因爲書店創新、不服從的名聲讓德國人不安。不管是什麼原因，莎士比亞書店在德軍占領期間關門大吉，而整個二次世界大戰期間，畢奇都待在拘留營裡。一九四四年，海明威隨同美軍進入巴黎，奪回了書店舊址，可是畢奇有意退休，餘生再也沒有開過店門。

十年後，離歐德翁街舊址不遠處的左岸也開了一家類似的書店。經營者也是一個大刺刺的美國人，這一次是個叫做喬治．惠特曼的浪漫夢想家兼作家。他多年來在世界各地遊蕩，四〇年代在巴黎安頓下來，畢生追求這個超現實的書店夢想。

喬治於西元一九一三年十二月十二日出生於紐澤西的東橘市，是瓦特和葛瑞絲．惠特曼四個小孩中的長子。惠特曼家在新世界有極深的淵源，家族史可追溯至一六二〇年坐上「五月花號」的兩個清教徒家庭。

葛瑞絲．惠特曼的祖父是康乃狄克州海軍船長喬瑟夫．貝茲，父親卡爾頓．貝茲則是個有錢的工廠老闆，專門製造縫紉工具，包括象牙鈕釦、織針和鉤針等等。葛瑞絲的父親是個很有商業頭腦、個性果斷的人，十四歲就進入工廠負責點爐的工作；十二年後，年僅二十六歲的卡爾頓．貝茲乾脆買下整間工廠。喬治的祖父，喬治．華盛頓．惠特曼是內戰退役軍人，曾參加過蓋茨堡戰役；退役後，他來到緬因州的挪威市當農夫，並在工廠兼差。至於喬治的父親，瓦特．惠特曼則在紐約的美國圖書公司擔任科學叢書編輯和作家。一九一六年，他辭去圖書公司的工作，前往麻州的塞勒姆師範學院任教。接著，陸續撰寫了五本高中教科書，最後還創立了《科學概論季刊》。如今，喬治的珍藏中有一本他父親撰寫的《家庭物理學》，以及愛因斯坦寫給他父親詢問合著教科書的信。

瓦特接受教職後，惠特曼一家便從紐澤西搬到離波士頓不遠的塞勒姆。他們搬進一棟

3　葛楚．史坦（Gertrude Stein, 1874-1946），美國作家、詩人，後來主要在法國生活，對後來的現代主義文學與現代藝術發展有所影響。

4　艾茲拉．龐德（Ezra Pound, 1885-1972），美國詩人、文學家，意象主義詩歌主要代表人物。

有寬敞前陽臺的三層樓白邊房屋，從這裡再走半條街，就可以看到大西洋。家裡的第四個成員，喬治的妹妹瑪莉已經在一九一五年出生。幾年後，另一個尚在襁褓的妹妹，瑪格莉特，未能在一九一八年的流行性感冒大傳染期間倖免，死在醫院。一九二四年，喬治的弟弟卡爾頓出生。

葛瑞絲．惠特曼自幼出生於宗教家庭，因此堅持她的小孩都要上教堂。她周日拖著小孩去做禮拜，可是喬治的父親卻多半藉口待在辦公室，只有復活節和聖誕節才會出現在教堂。喬治在學校的寫作成績非常優異。五年級時的閱讀和寫作全都是優等，可是寫字成績卻一直在及格邊緣。想到喬治日後會經營這樣一家舉世聞名的書店，孩童時代酷愛閱讀也就不令人意外了。他晚上會拿著書和檯燈，躲在棉被裡不讓母親發現，因爲他母親認爲讀太多書有害視力。的確，每天早上他幾乎睜不開眼，可是當其他同齡的小孩還在努力識字時，他已經在讀世界名著和梭羅的《湖濱散記》了。

喬治的父親勇於冒險，但卻缺乏生意頭腦。他開始玩股票，可是投資失利，賠掉了辛苦存了二十年的教科書版稅。葛瑞絲一直對這些投資不放心，所以她把自己的家族遺產換成AT&T股票，固定領取股息。

瓦特還渴望探索世界。一九八〇年代，年輕的瓦特曾經在船上工作，負責把乳牛運送到歐洲。他帶著一輛腳踏車，等船靠岸後，他就騎著車環遊歐陸。後來，他接受了訪問教授的職位，來往於希臘和土耳其等國。其中一次最刺激的冒險發生於一九二五年，他受南京大學聘任，除了卡爾頓年紀太小、留給親戚照顧外，全家遷居中國長達一年。他們先搭火車橫越加拿大，然後在溫哥華坐船到東京，再一路經過上海跋涉到南京。喬治的母親幫他報名了當地的基督徒勉勵會課程，老師要十三歲的喬治畫出聖保羅聖經旅程的複雜地圖，但他自己卻更著迷於新生活裡更新奇的事物。他每天寫日記，描述他每天上學途中都會去餵一隻豬，聽聞其他同學吹噓看過嬰兒被切成兩半，還在墓園玩耍，並且曾經「把撿到的一段人骨放進口袋，後來又決定丟掉不要」。對惠特曼一家人來說，要適應新生活並不容易。喬治和瑪莉都被人叫「洋鬼子」，就是「外國魔鬼」的意思，回家途中也常被其他小孩丟石頭。喬治卻因此大開眼界，在他們回到塞勒姆之前，又遊歷了加爾各答、新德里、孟買、亞丁、耶路撒冷、開羅、君士坦丁堡、布加勒斯特和維也納，帶給他更多驚奇。

上高中後，喬治在學校小有名氣，他不但做起小生意，還想在校刊上一展長才，再加上他桀驁不馴的個性，畢業紀念冊描寫他是個「革命者」。大蕭條發生時，喬治十五歲，突然間街上滿是失業者，他自己的兩位叔叔也被解雇，他開始對社會正義發生興趣，也越來越不願意順從母親上教堂。不過，等到他進入波士頓大學主修新聞，他才眞正轉變。喬治在一九三三年寫了一篇名爲「我的大一生活」文章，裡面提到：

我進大學時認為基督教是迷信，並全心支持執行資本帝國主義精髓的資本主義體制和

軍事體制。八個多月來，我在商學院課程的洗禮下不斷思索這些議題，最後，我的「思想工廠」製造出完全不一樣的產品。簡言之，我成了激進分子——社會主義者、無神論者和和平主義者。

一九三五年，喬治大學畢業，取得社會學和新聞學學位，手邊有幾個誘人的工作機會。「基督教科學箴言報」提供面試機會，而他父親也邀請他合著教科書。可是喬治禮貌地拒絕了兩者。他的新「思想工廠」把他推往另一個方向——他想要探索世界、結交朋友。

喬治朝西邊走，半途跳上火車、與街友同眠、接受好心陌生人的救濟，由下到上的徹底了解美國。當然，不少人找他麻煩，尤其是地方警察。據他說，礙於嚴格的流浪法規，他旅遊期間曾入獄五十幾次。他回憶，猶他州麻煩最大，警察會上火車一一搜尋，把流浪漢直接丟進監獄。喬治曾經在一個小鎮被關了七天之久，之後還被丟到沙漠中。警察把空空如也的背包還給他，並警告他如果再出現在鎮上，將遭受六個月的牢獄之災。

儘管偶有麻煩，他卻越來越喜歡這樣的生活，而且還想出一個更偉大的計畫：行腳全世界，整個旅程長達十一點三萬英里，其中有三萬英里是徒步行走。一九三六年他從加州出發，走了好幾個月，先往下到墨西哥，在猶加敦認識了一群馬雅人，然後再前往貝里斯，結交了幾位加勒比人。當時許多地方尚未鋪路，他必須跋涉叢林沼澤。有一次他走得太累，在一棵棕櫚樹下昏倒，眼看就要沒命。喬治說，一群土著發現了他，把他扛在肩膀上抬回村落，請一位哺乳的母親餵他喝人奶，救了他一命。

「這世上不會有比這更好的生活方式了，」喬治曾寫道：「徒步遊盪在這世界上，行走、跳舞、唱歌、閱讀——閱讀這生命之書。」

他在一九三七年到達巴拿馬，該國承諾凡四肢健全的人都可以到巴拿馬運河工作，喬治也被吸引而來。他在附近的工地找到工作，負責搬運炸藥。每天從日出到日落，辛苦地在石頭地上奔走、鑽洞、埋火藥、炸地基。晚上住在克里斯托柏的YMCA，繼續從事他社會主義的研究。他描述當地人民如何被剝削，並持續記錄運河區勞工的死亡率統計數字。當時，喬治已持續閱覽「新大陸」雜誌多年，也讀過托洛茨基和馬克思，如今準備在政治領域中邁進下一步。他從巴拿馬寫給母親的信中提到，「我現在是個共產主義者，而且我將一直都是不折不扣的共產主義者。」

後來喬治決定更進一步，他在美森輪船公司旗下、五千公噸的運糖貨輪「利輝號」上找到了工作，貨輪準備從巴拿馬開往亞洲。他計畫到了亞洲後，繼續往莫斯科的方向走，但是途中發生船員叛亂事件，貨輪被迫停靠夏威夷。喬治在島上停留了好幾個月的時間，住在海邊，學習玻里尼西亞語。他的旅遊動力盡失，最後決定搭船回美國，回到了波士頓。

喬治旅遊歸來後，堅信全球秩序必須改變。他在劍橋租了一間公寓，在哈佛大學上俄文課，爲未來做準備。「在波濤洶湧的茫茫未來中，只有一座燈塔能夠指引我們，那就是蘇聯。」喬治在一九四〇年寫道。爲了迎接新時代黎明的到來，他創辦了一本叫做《左傾》的雜誌，專門刊登像是「美國大學裡的法西斯潮流」這類的文章，同時也抱怨國內勞工和中產階級普遍缺乏政治觀。他甚至想要吸收他的弟弟加入他的行列。卡爾十幾歲的時候，喬治就開始教他簡單的俄文，並告訴他只有俄文裡才能找到「好想法」。

爲了賺得旅費、前往他夢想的國度，喬治先到餐廳打雜，後來又設法加入全國海員工會，以便能夠回到貨輪上工作。可是此時卻爆發珍珠港事件，美國加入二次世界大戰。喬治從軍時二十八歲，也許是長官發現他的與眾不同，因此派他去位於格陵蘭島一個隱密的軍事基地。喬治在北極附近生活了兩年，工作非常輕鬆，只負責發放醫藥用品，除了給偶有需要的士兵外，多半都給了好奇的愛斯基摩人。可是當戰事結束，喬治還是接獲了杜魯門總統的來信，感謝他「完成了最艱難的使命」。

回國後，他來到麻州湯頓市的邁爾斯．史迪坦許軍事基地服役。喬治在基地裡創立了湯頓讀書會，宣揚「不閱讀比不識字更糟」的觀念。成員多半是基地裡的同僚，不過，他也會運送書籍給海外的士兵。退役後，他考慮到墨西哥市開書店，他甚至還寫信給美國駐墨西哥辦事處，詢問當地投資的細節。可是到最後，歐洲對他召喚。他讀到法國需要志工的消息，便決定橫越大西洋。

喬治抵達法國後，先在一個戰爭孤兒營中擔任志工，後來想要搬到巴黎。對於當時的美國人來說，這個城市充滿了吸引力。巴黎的自由解放者發展鼎盛，消費又低廉，阮囊羞澀也可以過著帝王般的生活。不過，喬治搬到巴黎還有其他的考量——反共產主義運動正在醞釀，像他這種人在美國並不受歡迎。

於是，喬治來到索邦大學修習法國文明史，住在聖米歐爾大道便宜的蘇伊士旅館裡。他在街頭要來的錢，居然足以購買大量的英文書籍。在這個不事生產風氣彌漫的城市裡，無論是英文書籍、還是其他任何東西，都非常缺乏。沒多久，喬治的藏書儼然成了一座小型圖書館。每個禮拜會借出好幾十本書，而喬治也小心翼翼地記錄書籍借還狀況，甚至還因此發現米勒的新劇作《推銷員之死》是他館藏裡最受歡迎的書，平均一個月有八次的借閱紀錄。他住進蘇伊士旅館沒多久，就把房門鑰匙弄丟了，他索性不鎖門了。有一天他上課回來，發現有兩個陌生人在他房裡看他的書。既然他一向篤信財產共享和人民公社，這可以稱得上是令人興奮的發展。唯一讓他遺憾的是，他房裡只有咖啡可以請客人喝，所以那天之後，他一定準備熱湯和麵包，與前來借書的人分享。

就在這個堆滿書籍、還燉著一大鍋熱湯的旅館房間，莎士比亞書店的構想就此萌芽。喬治的客人多半是流放到巴黎的外國人，其中還包括一個叫做勞倫斯·佛林的年輕詩人，當時他正在索邦大學修法國文學博士。這名詩人後來改回原姓佛林蓋堤，他之前在哥倫比亞大學留學的時候認識了喬治的妹妹瑪莉，並且與她相戀。佛林蓋堤來到法國後，特別找到了喬治，並且拿出退伍金向喬治買書，其中也包括加里馬赫德出版社的《追憶似水年華》完整版。

「我第一次見到喬治是在旅館那間沒有窗戶的小房間裡，三面牆壁都堆滿了高及天花板的書，而他正坐在地上用酒精燈熱著晚餐，」佛林蓋堤回憶道：「當下便知道我找到了一位眞正的書癡。」

兩人變成好朋友，喬治在家書中告訴母親，佛林蓋堤「自從去年夏天寫了他的第一本小說後，就在法國文壇一舉成名」。後來，佛林蓋堤離開巴黎來到舊金山，也在當地開了一家書店，也就是著名的「城市之光」書店，直至今日，一直都是莎士比亞書店的姊妹店。

喬治眼看著巴黎慢慢恢復生機，到了一九四〇年代末期，他認爲時機已經成熟，他應該要實現開書店的夢想。他先看了第十七區一間出租的店面；然後又想在聖傑曼德佩區附近買下一間房子。最後，終於在一九五一年找到聖母院對岸、面對塞納河畔的這家店面。它原本是一家小型的阿拉伯雜貨店，但老闆經營不善，最後決定便宜出售，以免被銀行法拍。當時喬治三十七歲，已經流浪了近二十年。雖然他手頭上的現金不多，但還好有當初父親建議購買的股票，其中以巴斯鋼鐵公司爲主。賣掉股票後，雖然只獲得兩千多美元，但足以讓他在戰後的巴黎展開新生活，於是，他決定把這筆錢拿來投資書店。一九五一年八月，書店正式開張。

喬治一開始把書店取名爲密斯托拉（Le Mistral），這是他對當時的女友，賈桂琳・特朗范的暱稱，同時也指法國南部知名的乾寒季風。當時店面很小，只有今日規模的一半，可是喬治盡力而爲。他恪遵馬克思「竭力奉獻，取之當取」的教條，並且秉持著這份精神來經營書店。從一開始，他就在屋後放了一張床、讓需要的人有睡覺的地方，爐子上隨時滾著熱湯，讓肚子餓的客人自行取用，並且提供免費借書的服務給那些買不起書的人。一九五一年八月十五日，書店裡來了第一位留宿的作家，他就是劇作家保羅・艾柏曼[5]，他後來寫了《我聽見聲音》等書。

「那裡非常簡陋、不舒服，」艾柏曼回憶道：「可是這是喬治的一片心意，而且我又沒有別處可去。」

當時的巴黎正處於另一個文學輝煌的時代，這家書店簡直是個非正式的文學俱樂部。亨利・米勒和安娜伊絲・寧[6]是常客。直至今日，喬治和安娜伊絲兩人依舊傳有緋聞。住在王子先生街的理查・萊特[7]會來店裡朗讀著作，最後連他的兒子都跑來在櫃臺工作。亞

5 保羅・艾柏曼（Paul Ableman, 1927-2006），英國小說家、劇作家。

6 安娜伊絲・寧（Anaïs Nin, 1903-1977），古巴裔法國人，著名情色小說家。

7 理查・萊特（Richard Wright, 1908-1960），非裔美國人，小說家。

歷山大．托魯奇[8]在書店後方設立了《梅林文學》雜誌的辦公室，喬治．普利姆頓[9]和《巴黎評論》雜誌的工作人員常來串門子，就連山繆．貝克特[10]也常駐足徘徊。不過，喬治說他們兩人沒什麼話好說，多半只是坐在那裡，彼此對望。

接著，叛逆作家陸續現身，威廉．布洛斯[11]在喬治的書店研究醫學畸形的課題，艾倫．金斯堡[12]在前廳一面喝著葡萄酒壯膽，一面爲讀者念他的著作《吼》（Howl），葛雷哥萊．科索[13]偷了不少初版書來滿足他的收藏嗜好，布里昂．基辛[14]等人則在幾條街外、吉特勒柯爾街上的旅館掀起凱魯亞克[15]派的爵士文風。

一九六三年，喬治慶祝五十歲大壽，隔年，他把書店的名稱也改了。他一直很崇拜雪維兒．畢奇和她的莎士比亞書店，還把書店比喻爲「一本三字小說」。他和畢奇會面喝茶，畢奇偶爾也會造訪密斯托拉。一九六二年畢奇去世，喬治買下她的藏書，然後到了一九六四年，也就是威廉．莎士比亞四百歲冥誕，他將書店重新命名爲莎士比亞。有人批評他偷了這個名稱並從中獲利，可是如果喬治眞的是這種奸詐的人，他就不會把他的書店變成潦倒文人的聖地。

雖然書店名稱極富文學味，但書店本身卻變得更有政治性。喬治持續留宿造訪巴黎的激進分子和作家，也持續在所謂的巴黎自由大學演講，長期抗議越戰，並且在一九六八年五月的暴動中私藏抗議學生。他甚至打趣的說，莎士比亞書店提供迷幻藥榮譽學位，畢業證書是寫著「要做愛、不打仗」的徽章。

經過了七〇、八〇和九〇年代，時光飛逝，他的名聲和書店都不斷發展。莎士比亞書店的規模持續擴張，到最後整棟三層樓建築都屬於書店所有。眞是「一隻巨型文藝章

---

8 亞歷山大・托魯奇（Alexander Whitelaw Robertson Trocchi, 1925-1984），英國小說家。

9 喬治・普利姆頓（George Ames Plimpton, 1927-2003），美國記者、作家、演員等等。

10 山繆・貝克特（Samuel Barclay Beckett, 1906-1989），愛爾蘭前衛作家、劇作家、電影導演、詩人。二十世紀最具代表性的小說家、實驗劇作家，一九五三年以荒謬劇《等待果陀》享譽全球，一九六九年榮獲諾貝爾文學獎，以其不同尋常的荒繆、嘲諷、令人不快的小說世界著名。

11 威廉・布洛斯（William Burroughs, 1914-1997），垮世代（beat generation）文學三巨匠之一，被稱為垮世代的理論教父。以《裸體午餐》一書驚動文壇，內容交替於現實與虛幻之間，極富實驗精神，初具規模的切割手法（cut-up）對後世的美術、音樂、文學創作均影響甚深。布洛斯在一九八四年獲選進入「美國國家藝文學會」，該書也獲《時代週刊》遴選為一九二三－二〇〇五年英文百大小說。

12 艾倫・金斯堡（Allen Ginsberg, 1926-1997），美國反主流文化思潮精神教父。一首叫做《吼》（Howl）的詩，後來成為「垮世代」文學的扛鼎之作。

13 葛雷哥萊・科索（Gregory Corso, 1930-2001），美國詩人、作家，和威廉・布洛斯、艾倫・金斯堡皆是同世代的好友。

14 布里昂・基辛（Brion Gysin, 1916-1986），英國前衛藝術家，身兼畫家、詩人、作家。

15 指的即是傑克・凱魯亞克（Jack Kerouac, 1922-1969），第一個提出「垮世代」（beat generation）這個名稱的人。美國詩人、作家、藝術家。最著名的作品是《在路上》（On theRoad）。

魚」，佛林蓋提寫道。每一次擴張，喬治一定增加床位。巴黎左岸有家奇怪的書店可供免費過夜，這樣的傳聞已經散布到全球各個角落。來一個睡一個，來一千個睡一千個，只要書店容納得下，喬治全都來者不拒。書店曾提供一整個世代的作家和流浪者溫飽，現在要繼續照顧他們的下一代。

等到我在西元二〇〇〇年一月坐在莎士比亞書店喝茶的時候，喬治已經對外宣稱曾有四萬多人來書店留宿，這比他家鄉塞勒姆市的人口還要多。我來到這裡之後，也打算成爲下一個留宿在此的人。

6

茶會過後，我興奮得不得了，一口氣爬上六樓的旅館房間，臉不紅、氣不喘。就這樣靠在房間的窄窗前好幾個小時，看著炊煙從周遭屋頂上的土製煙囪升起。等我上床時，已經接近午夜，可是我卻像個等待聖誕早晨來臨的孩子一樣，整晚無法闔眼。

伊芙告訴我，喬治非常歡迎失意人和窮作家。我兩者都符合。加上錢已經快要花光，前途一片渺茫，不禁認定是命運在那個下雨的周日午後把我帶到莎士比亞書店。自從我接到那通索命電話，這是我第一次開始想像我的未來。我可以在書店寫出一本很棒的小說，被文壇奉爲天才，享受著無盡的榮耀和財富。這樣的想法當然很荒謬，可是，至少經過那麼多消沉的日子後，我心中突然出現了樂觀的喜悅。這種感受就像是賭徒最後一把下注後，興奮地看著輪盤旋轉一樣。此時，窗外黑暗的天空已經露出魚肚白，我終於進入夢鄉。

隔天下午，我在走廊盡頭的浴室裡徹底的洗了個澡，還把我最好的一件襯衫掛在浴簾外、靠熱氣整平皺摺。我站在破裂的鏡子前練習我的笑容和自我介紹，可是一直無法滿意。出門時我緊張得連直接到達書店的地鐵都不想坐，決定要一面走路一面思考如何表現得更好。

每走一步路、書店就更接近，我也越來越緊張，胃裡翻騰著千百次第一次約會和工作面試的忐忑。我憑什麼住進書店呢？他們會接受我嗎？還有那一直揮之不去的擔心——我這輩子到底該做什麼？

我經過奧爾納諾大道上的非洲雜貨店和幾家公用電話商店，然後又穿越巴貝斯地鐵站的高架鐵路下方，看到許多人兜售著放在大衣口袋裡的金鍊。走過北站，再來到東站，心中有個聲音告訴我，何不去搭火車，到別的城市試試運氣。一路上，我三度失去信心，轉頭想朝旅館走去。可是，我還是說服自己繼續走向莎士比亞書店。我已經沒有其他選擇。

我拖著痛苦的腳步，突然聽到有人叫我的名字，原來是佛南達。她是一頭黑髮、時時面帶笑容的年輕巴西女子。她來自聖保羅，特別花兩年的時間來體驗巴黎生活。我們在語言學校認識，爲了省錢，我們都帶著法國麵包當午餐。當其他學生在餐廳用餐時，我們會一起到公園一面啃三明治一面用破法文交談。

佛南達對於巴黎之行非常有計畫，不像我漫無目的。她去過所有的博物館和美術館，能夠買得到戲院和歌劇院的便宜票，而且對捷運路線比巴黎人還要熟。那天她剛從龐畢度中心看完免費的展覽，她的出現能讓我暫時忘卻煩惱，於是我邀請她一起喝咖啡。

我們來到玻伯格街上一家不起眼的咖啡店，點了菜單上最便宜的飲料：小杯濃縮咖啡和兩杯水。佛南達很快就察覺到我心神不寧的，我也很高興有傾訴的對象。我告訴她，我的錢快花光了，可是在加拿大闖了禍，又不能回家。我還對她描述了這無助閒晃的生活、落寞空虛的未來，以及前一天造訪莎士比亞書店的機緣。佛南達專心地聽著，有時會要我重複一些細節。她了解我的故事後，便靠著椅背、神情嚴肅地看著我。

「這是上帝的指示。」她說。

我們家的人早就不上教堂，我很少花時間思考宗教上的事情。我喜歡用上帝這個字眼來解釋科學無法說明的存在問題，可是僅此而已。然而，佛南達卻是個虔誠的教徒，她在巴黎已經拜訪過十幾間教堂。我們曾花了不少時間討論這些根本沒有答案的問題，現在聽她這麼說，我只是不置可否的笑了笑。我正準備再度發表「上帝並不存在，是人類依需求創造出上帝」這類的言論，可是我沒有出聲，因爲看到她臉上綻放出希望的花朵。

「你一定要去，要求他們讓你留下，」她堅持，「這是注定的。我確信。」

就這樣，我還來不及說什麼，她就站起來，從背包中抽出街道地圖。

「我要去禱告，讓這個叫喬治的人答應你的請求。」說完，她就急忙走出店門。

我沒有阻止她。在這個時候，任何形式的幫助我都需要。

莎士比亞書店就坐落在塞納河左岸的左端。站在店門口，會發現這家書店離河岸非常近，用力把蘋果核丟出就可以落入水裡。在門口可以看到西岱島懾人的景觀，聖母院、神之家醫院，還有整個轄區的宏偉街景全都清晰可見。

書店的地址其實是布雪西街三十七號。這條奇怪的鵝卵石路從聖夏克街開始，經過一個街區來到聖居里安勒波公園，然後再延伸兩個街區，以布列東尼廣場爲盡頭。書店位於布雪西街靠近聖夏克街之處，這裡的規畫實在很怪，街道南邊只有一棟建築，也因爲如此，從書店才能看得到那麼豐富壯麗的景觀。

這段路是徒步區，不過這裡之所以那麼安靜，也不光是這個原因。有座小花園把蒙特貝洛河堤上的交通隔離在外，而且人行道剛好在布雪西街三十七號前方變寬，在書店前方形成一大片空地。更有情調的是，空地上有兩棵小櫻桃樹，綠色的華拉斯噴泉雄偉地坐落在一旁。種種因素，讓莎士比亞書店籠罩在巴黎城難得一見的寧靜氣氛中。

至於書店本身，其實有兩道出口。我那天參加茶會走的綠色正門位於右邊。在這裡可以看到莎士比亞書店著名的黃色和綠色木製招牌，以及寬闊的觀景窗。書店的左邊還有一個比較小的店面，這裡是書籍收藏室。收藏室裡除了放有一排又一排的古董書，還有一張書桌、一張可愛又柔軟的沙發，當然，免不了還有一張破舊但還可以用的床鋪。

和佛南達喝完咖啡後，我來到書店，此時天色漸暗，四周的街燈都亮了起來。書店窗戶透出柔和的黃色光芒，襯著暮色，櫃臺前站著一位穿著發皺的西裝、神情恍惚的老人。我前一天看過照片，認出他就是喬治。我鼓起勇氣，走進書店。

嘎嘎作響的門昭告我的來到，可是，喬治還是望著窗外沉思。透過店裡昏黃的燈光，我看到他一頭凌亂的白髮以及布滿臉上的細紋。過了許久，他才像大夢初醒一般轉過頭來看我。他的雙眼呈現我從來沒見過的灰藍色。

「有何貴幹？」他用盤問的語氣說。

他的聲音非常嚴肅，我不禁後退一步，結結巴巴地想要回答，但之前練習好的臺詞全部忘光光，只含糊地說著自己是個窮途末路的作家。

「我不會打擾太久，」我最後說：「我會盡快重新出發。這段日子我有點不順。」

他站在那裡，用那雙灰白的眼睛打量著我，時間一度靜止。

「你寫過書？」

我點頭。

「自掏腰包出版的嗎？」

自費出版就如同召妓，搞不好比召妓還丟臉。召妓至少是私底下的行爲，而自費出版則是公開宣揚自己無能。儘管我緊張得不得了，還是爲自己辯白。雖然我寫的犯罪書算不上文學，但我對於自己的成就非常自豪。

「不，絕不是，」我儘量抑制著聲音中的氣憤，「雖然它們不是最棒的作品，可是絕對是正牌的出版商發行的。」

喬治轉手一揮，似乎毫不認同我的話，但同時臉上又露出笑容。

「眞正的作家是不用開口要求的，他只要自己進來，找張床去睡覺就可以了。你，你可以留下，可是得和其他傢伙一起睡在樓下。」

就這樣，情況從此改變。

7

隔天下午，我搬離旅館，提著沒裝多少東西的背包來到書店。喬治正站在櫃臺前，拿著一支已經不尖的鉛筆，在整堆的二手書上一一標上價格。他先挑一本書，看看封面，然後翻開書讀個一、兩段，自己笑一笑，便在書名頁寫上價錢。我向他打招呼，他起初似乎沒認出我，然後眨眼而笑。

「加拿大來的作家，」他說：「跟我來。樓上正熱著午餐。」

喬治放下手上馬拉默[16]的《夥計》，叫來正在後面整理書架的一位身材高的金髮女人。她過來站櫃臺，並在喬治的臉上吻了一下。

「這是我的乾女兒。」他笑著說道：「那麼多前來參加茶會的人當中，她是唯一一個事後寄感謝卡給我的人，所以我讓她在店裡工作。」

女人淺淺一笑。「我叫琵雅。聽說你要搬進來？」

這是我第二次在這家書店遇到美得令我屏息的女人。我只能笨拙地點點頭，讓喬治推我走上窄梯。

「她希望我春天時跟她一起去中國，」喬治說，他已經發現我盯著琵雅看。「我不知道能不能休假。畢竟書店裡忙的不得了，一直都那麼忙。」

他帶我上樓，經過童書區的上下鋪，再走過隔出寫作室的狹窄走道，來到窗戶面對聖母院的前廳。有個年輕男子坐在書桌前，正鏗鏘有力地敲著打字機。他有著典型美國人英俊、黝黑、勻稱的身材，亂中有形的頭髮，以及健康潔白的牙齒。

「喬治！」他吼著，「我在寫作！」

他等著喬治回應，可是喬治只是哼了一聲，轉動鑰匙。他面露失望，狐疑地瞪了我一眼。

「他是新來的，是個作家，」喬治說：「他會睡在收藏室，可是在我們整理好之前，他的床得先放在這裡。」

聽到喬治這麼說，坐在打字機前的這個男人面露困惑。在他開口說話之前，喬治就把我拉到這棟樓的主樓梯間。這一次，我們沒有爬上三樓的茶會場地，他越過走廊打開門，示意我跟他進去。

這眞是最奇怪的房間了。兩面巨大的鑲金鏡子照著入口，前方各自放了兩張床。牆上貼著紅色壁氈，不過，五座大型木製書架擋住了大部分的牆面。其中有三座書架搖搖晃晃地垂在其中一張大床上面，看起來上面的書隨時都會倒塌在睡在床上的人身上。屋後的角落有條小路通往一間更小的廚房，在隨意堆放的罐頭和舊報紙堆上頭，有一鍋熱湯放在盤子上。在這個奇怪房間中，最引人注目的，是一張非常堅固的原木書桌，書桌前是另一扇同樣也面對聖母院的窗戶。桌下有一張木頭旋轉椅，喬治把它拉過來、自己坐下。

16 伯納德·馬拉默（Bernard Malamud, 1914-1986），美國著名猶太作家，代表作《夥計》（The Assistant, 1957）。

「我正在整理給會計師的資料，」他一面說著一面要我坐在床上。「今天這裡有點亂。」

他的形容實在與實際情況相差太多。床上只有一小塊空位可以坐，因爲，不管是床上、地板上、椅子上、書架上，還是房裡一切可以堆放東西的空間，都散布著帳單、發票、信件、收據、帳冊和圖書目錄，它們不是破舊發皺，就是沾上了咖啡漬，或者兩者皆有。書桌上最凌亂，因爲紙堆上還放了用過的餐盤、空杯、飲料、好幾碗的零錢，以及一個底部像是抹上了檸檬蛋白派的玻璃罐。喬治環顧整個房間，有些生氣地舉起雙手。「這裡不像以前那麼乾淨了。我好像已經無力維持。」

我得承認眼前的情況是有一點失控，可是我卻安慰他，混亂和失序帶有浪漫風格。我心想，這家書店能持續經營下去，根本就是個奇蹟。那年冬天他已經八十六歲了，在我認識的人當中，和他年齡相當的只有我的祖父母，可是他們都沒能活到八十六歲，更沒有人能在老年還能經營書店。而喬治不僅讓莎士比亞書店營運下去，還創造了一間生動的圖書博物館，以及專門收留貧窮作家的旅社。

「你眞的這麼想嗎？」喬治微笑地說著，彷彿他從來就不知道自己有多偉大。「我喜歡告訴人們我開了一間以書店做僞裝的社會主義理想國，可是有時候我又不確定。」

突然一團黑色的東西跳出來，一隻貓站上書桌，把半瓶可樂打翻在一疊發票上。喬治伸手打牠，可是黑貓只是冷漠的瞪著喬治，然後就跳到另外一張床上，把一箱出版目錄弄倒在地上。喬治咯咯大笑，並告訴黑貓，辦公室之所以那麼亂，都是牠的錯。

這是我正式見到吉蒂，牠就是茶會那天趴在窗臺上跟我打招呼的那隻貓。吉蒂是安妮．法蘭克幻想出來的好朋友，而《安妮．法蘭克的日記》是喬治最喜歡的書之一。吉蒂儼然是這個書店王國裡的女王。喬治眼見吉蒂存心搗蛋，於是走到廚房拿出一盤罐頭食物來安撫牠。趁著黑貓忙著吃東西，喬治坐回椅子開始辦正事。

「你把自傳帶來了嗎？」

自傳，這是書店偉大的傳統。一九六〇年的巴黎風起雲湧，學運興起，共產黨帶來令人不安的重大影響——至少法國當局是這麼認爲——喬治成爲政治監督的對象。這並不令人意外，因爲他在美國和法國都加入共產黨，多年來，也不斷收容政治激進分子和那些不受社會歡迎的人。這對他造成很大的不便。

警方對喬治施壓，強迫他遵守政府頒訂的旅館法，規範前來書店留宿的人。可想而知，這讓喬治非常頭痛，因爲他從來就不接受金錢報酬，而且把所有客人都當成自己的朋友，可是當局卻要他抄下每一位在莎士比亞書店留宿客人的護照號碼、出生日期和其他重要資訊。和其他觀光旅館不同的是，喬治必須每天繳交報告，而且不是交給近在塞納河對岸的警察總局，而是從書店要走九十分鐘的偏遠分局。

不過，喬治卻持續這麼做。首先，他買了一臺腳踏車，每天騎車去送報告，後來，他把這項任務變成客人發揮創意的機會。他不再只記錄客人枯燥的個人資料，而是請他們寫一篇自傳，並描述來到書店的機緣。後來警方不再找麻煩，但這項傳統卻保存下來，現在喬治擁有一座非常驚人的社會學資料庫——裡面留存了六〇年代至今、上萬份的自傳，這些完整的調查報告記錄著四十年來許許多多偉大的漂泊者。對於許多人來說，將一生經歷濃縮在文字當中是一種自白的機會，在那些多到堆不下的檔案箱中，充滿了各種精采的故事，愛情與死亡、姦情與沉溺、夢想與失望，而且每一份自傳都附有拇指大小的照片。

當初我提出留宿莎士比亞書店的要求時，喬治就說明了這項傳統，我深感茲事體大——我好久沒有爲了寫作而緊張了。

到報社工作後，每天趕著交稿，必須用比吃午餐還要短的時間寫出上千字的稿子，語言的藝術早就變得不重要。我成了一個廉價的文字魔術師，知道如何耍點手段拼湊出精采故事。悲慘的意外、駭人的死亡、傷心欲絕的母親——誇張的社會新聞報導讓寫作猶如拼疊樂高積木，只需要強烈的形容詞和簡單的名詞就夠了。

可是，我現在面對的是書店的文學背景，再加上我極力想要讓新房東對我印象深刻，因而益發腸枯思竭。前一晚我待在旅館裡寫了十幾份的草稿，一次又一次地咒罵自己文才平庸，把草稿全都揉掉。我知道喬治想要了解我的經歷和家人，於是到了凌晨四點，我喝光了一瓶隆河紅酒，終於靈光乍現，決定用我和父親決裂的故事做爲自傳主軸。

我在報社有個前輩，名叫渥羅夏克，他是全國知名的調查記者，比我年長幾歲。他的事蹟包括寫了一本暢銷書、描述差點毀了全球最大薯條王國的詐欺案，揭露某家博物館珍藏的皇室彩蛋居然是贗品，還揪出一位在二次大戰期間、誘拐十五歲英國女童，並使其產子的士兵，而這名私生子就是後來成爲歌手的艾瑞克．克萊普頓。

我進報社成爲社會新聞菜鳥記者不久，渥羅夏克就被網羅進來，成爲明星調查記者。他的辦公桌剛好在我旁邊，我們從普通同事便成摯友，後來他還交付給我一項難搞的任務。當初他搬進城裡時，受騙租了一間過於昂貴的公寓，現在他想要解約。他要我幫他趁半夜把家具搬走，不讓房東看見，然後在我住處的大樓找到一間比較便宜的公寓。

因爲這件事，我贏得了渥羅夏克的信任，他因此更罩我，教會我許多新聞學院沒有教的事情——如何發展非正式消息來源，如何用適當的形容詞來討好正式消息來源，以及如何和警方稱兄道弟。

渥羅夏克也是第一個告訴我報社裡有內部政策和社會階級之分的人，他曾設法要我輕鬆看待工作。常常用《動物農莊》裡那隻馬的命運來嚇我，強迫我離開辦公桌、到外面吃午餐。還有一次，汽車版編輯要我去試一臺新款的林肯大陸車，他要我趁這個機會上高速公路開到時速一四〇英里。在渥羅夏克的請求下，我們成爲私底下的伙伴，會一起調查案件、開車造訪城中各個非正式消息來源；在咖啡店坐上好幾個小時，發想故事情節。

我接獲威脅的幾個禮拜前，渥羅夏克從警方聽到一則關於一名知名心臟外科醫生的消息，這名醫生是全球知名心臟研究中心的主任、人工心臟發明者，也是加拿大議會常委。

據消息來源指出，這名醫生在紅燈區召妓被捕。因爲他的地位，並沒有被提起公訴，而是被送到了專門導正召妓惡習的感化學校。這項計畫的目的是在保護個人隱私，可是渥羅夏克的資訊來源非常可靠，某位警官顯然想讓這位有名望的醫生出糗。

報社急切想要刊登這篇報導，於是我們走上街頭查訪細節。我們收集到證據，並前往該名醫生操刀換心手術的執業醫院求證。我們對他施壓，要他坦白，但他卻拿起電話，威脅要找警衛，要我們立刻離開。

我和渥羅夏克對於沒能取得醫生的自白感到沮喪，但我們的麻煩還不僅如此。離開醫院沒多久，該名醫生找上某家全國知名的公關公司，在他們的建議下，當天下午召開了記者會。他帶著老婆和子女出現在擠滿記者和攝影機的記者會現場，全部招供。他當眾請求家人原諒，並宣布由於他的行爲不當，再加上報社記者的威脅，他立刻辭去國家心臟協會主席的職位。

如果他堅持不認錯、或者宣布辭去議會職務，則全國人民可能會對他不齒，認爲這不過是另一宗道德淪喪的例子。可是，他辭去的是每天得要救人的職務，因而在這場輿論戰爭中大獲全勝。各談話性節目爭相批評媒體手段；政客和權威人士請求這名醫生再度執業，就連我們自家報社也不支持我們。編輯對外表示，我和渥羅夏克所作所爲完全是出自個人判斷，社方也請求醫生回到工作崗位。根本沒有人想到外科醫生召妓會危害健康，也沒有人認爲這是一則正當的新聞報導。

最糟糕的是，連我父親也質疑我。他個性內向，很少聽到他抱怨或不滿，也從沒聽過他對於我這份有時需要不擇手段的工作有任何意見。我曾報導過一則和他任教的高中有關的死亡車禍。他同事告訴他，我的報導公正，受難者家屬都很感激我。因此，他一直認爲我對工作充滿熱忱，甚至還是個正直的記者，對他來說，這樣就夠了。可是，當全家人晚餐時談到這名醫生的街頭召妓事件，我父親卻搖搖頭，輕聲質疑他兒子怎麼可能會做出這種事情。

喬治看完我自傳裡對這件事情的敘述，他點點頭，然後把自傳放在凌亂的桌上。「你得多寫一點故事，」他揮著手說：「自傳內容要再長一點。」

不過，他卻笑了，並把手伸進口袋，拿出一串鑰匙，把它們放在我手上，要我握緊。「留在這裡把自傳寫完，需要留多久就留多久。」

廚房裡的鍋子已經冒出蒸氣，喬治端來兩碗甜椒湯和一根法國麵包，再爲我們各自倒了一杯加了牛奶的咖啡，並用手上的鉛筆攪拌一下，然後他坐下來看著我。

「你知道，」他說：「我通常只要求作家們早上把床鋪整理好，可是你……我覺得你不一樣。」

於是，一面喝著湯一面告訴我，他要我在莎士比亞書店做的第一項偉大任務，就是設法把一名老詩人趕出去。

8

兩個月前，我還有一份薪水優渥、備受矚目的工作，租有一輛時髦的黑色德國房車，在市區有一間高級公寓，衣櫃裡掛滿了價格不菲的襯衫和外套。而今，我口袋裡只有幾百塊錢，沒有工作也沒有前途，隨身背包裡塞著幾件衣服，以一家破書店裡的床鋪爲家。可是，我從來不曾像現在如此快樂。

我住到莎士比亞書店的第一晚，喬治向我道晚安後，我走進書店的圖書室。那名年輕人還在桌前打字，不過他的態度已經不像之前那麼囂張。他抬頭看到我，便坐起身子打量著我。

「所以，」他皺著眉頭說：「你是個作家。」

「其實是記者。有人認爲記者不算是作家。」

謙虛的手段奏效了。對方的下巴肌肉鬆弛下來，笑著從椅子站起來。

「哈！我喜歡這說法。」他說，並拉起我的手用力一握。「我叫克特。是K開頭，就像克特．馮內果一樣。」

K開頭的克特誇張地舉起手臂，從打字機後方走出來，表示他要正式帶我參觀莎士比亞書店。他站起來以後，我才發現他比六尺多的我還要高出很多，身上還穿著一件灰色大衣。

「店裡沒有暖氣，」他發現我盯著他的大衣看，因此這麼說：「你要習慣寒冷。」

從我們的所在地開始參觀，克特指著周遭的書籍。這裡，他說，是圖書室。這裡所有藏書都是非賣品，只限店裡閱讀。圖書室的藏書有上萬本，從莎士比亞劇作到各國總統自傳，從十九世紀的熱帶鳥類研究論文到新近出版的朱利安．巴恩斯的小說。「你能相信嗎？」克特問：「有多少商店會把一半的空間拿來從事不賺錢的事業？」

接著，我被帶到後面的樓梯間，爬上幾階後來到一扇木門前面，我之前以爲這是衣櫥，可是克特打開門後，我卻看到地板中間有一個中空的瓷盆，兩邊各有腳踏凹槽。儘管氣味難聞，克特還是要我探頭去看裡面搖晃的洗手臺和沖便盆用的塑膠桶——這就是莎士比亞書店的廁所。喬治連這裡都釘了書架。我失望地發現下層的書頁都濕了，但我還是安慰自己這是潮濕的空氣造成的。

我們回到圖書室，他指著兩張窄床，上面鋪著從一面牆延伸下來的紅色絲絨。在這個喬治喜歡戲稱爲「滾草旅館」的書店中，總共有十三張正式床鋪：一張在收藏室，兩張在樓下書店，六張在圖書室，四張在樓上的三樓公寓。除了這些床鋪之外，還有六處可以輕易拉出睡床的角落。克特說，夏季房客最多的時候曾有二十人睡在書店。冬季的房客通常比較少，因爲巴黎灰暗的冬雨讓流浪者卻步。目前連他在內，共有六個人睡在店裡。

「你很幸運，」克特強調，「我來的時候是十二月底，這裡擠滿了來過新年的人，我有兩個晚上得打地鋪。」

克特帶我到連接前屋和後屋的狹窄廊道，並打開另一扇門。這次眞的是衣櫥了，克難的衣架上掛著許多襯衫，下面則歪歪斜斜地堆了好幾個背包。克特把我的背包塞進其中，然後關上衣櫥門，以免裡面的東西垮下來。

「這是儲藏室。不要把值錢的東西放在這裡。」接著，他面露微笑，補充道：「奇怪的東西常在這裡遺失。」

我們走過小隔間，他告訴我，這是爲了那些膽敢開口抱怨沒有寫作空間的人特別加裝的。接著，我們走進有上下鋪和童書的那個房間。克特停在一面貼滿信件和照片的鏡子旁邊，寄件者都是在書店相識相戀的男女。據傳有超過六十人在莎士比亞書店遇到了未來的妻子或丈夫。克特說，這家書店有催情作用，他認爲實際的數字應該更高。

我們又經過一道走廊，進入我之前碰巧發現兩名男子正在煮湯的那個房間。克特聽我提起這件事不禁笑了起來，他說這兩個人來自阿根廷，用他們獨特的尼采哲學生活著。他們顯然想要充實地過著每分每秒，並認爲這樣的人生可以永遠持續下去。「他們共享一切物品，包括食物、衣服、葡萄酒，」克特說：「我打從心底認爲他們根本就瘋了。」

那兩個人早上剛走，所以房間是空的，我可以選一張床來睡。我站在比較大的一張床前面，想要感受一下這個新家。這裡是故事間，這倒形容得很貼切。書架上擺滿了精裝小說，我一下子就看到至少二十幾本曾有人推薦我閱讀的書，福克納、卡波提[17]、赫塞、卡繆、里奇勒[18]……這裡完整地收藏了本世紀的偉大作品。

至於家具，這裡有一座梳妝臺，還有一張木桌，上面整齊地排放著政治雜誌。房中第二張床的木工非常精細，前後各釘有書架，床的長度不會超過五尺。顯然那兩位阿根廷人當中，一定有人個子很矮，不然就是身子夠柔軟，可以擠得進去。房裡還有一扇窗，可惜被書架擋住了，所以光線昏暗，只能從一排排書籍的空隙當中看到外頭的暮光。這讓房間更顯陰森，不過空氣還算清新，聞起來很像我父母家附近的市立圖書館。

我坐下來，看到克特正把玩著書背，顯然有心事。此時，他清了清喉嚨，說出了他的

17 楚門・卡波提（Truman Capote, 1924-1984）美國作家。十九歲時以短篇小說《蜜莉》（Miriam）獲得歐・亨利獎，著名作品《第凡內早餐》改拍成電影，一九六六年出版《冷血》（In Cold Blood）為其顛峰之作。

18 摩迪凱・里奇勒（Mordecai Richler, 1931-2001）加拿大作家，擅長用諷刺幽默的手法揭露偽善，以《The Apprenticeship of Duddy Kravitz》成名，多部作品改拍成電影，如著名作品《巴尼正傳》（Barney's Version）。

困擾。

「喬治眞的說過你可以睡在樓下的收藏室嗎？」

我微微地點頭。這是我和喬治喝甜椒湯時，他指派給我的任務，牽涉到一個叫做賽門的奇怪詩人。喬治在九〇年代中期收留了這位無家可歸的詩人，以爲他只會住一兩個禮拜，沒想到賽門一待就是五年多。如今，喬治對他的耐心和善意已經用罄。

一開始，賽門還眞的是這個書店大家庭裡的好幫手。他在店裡幫忙、指導年輕的作家，還在樓上的圖書室朗讀他的作品。可是，喬治說後來情況有了改變。近幾年來，賽門染上許多壞習慣：從收銀機內偷錢，拒絕爲顧客打開收藏室的門，與外界隔離以便鎭日臥床。「偵探小說，」喬治吐出這幾個字，就像是吐出臭掉的葡萄一樣。「他把自己鎖在收藏室裡，讀著低俗的偵探小說。」

情況每況愈下，喬治終於不願再忍受，因此請我設法用最圓滑的方式請他離開，然後，我就可以住進收藏室，擁有屬於自己的生活和寫作空間。不過他也警告我，這件事情一定要謹愼處理。我不確定這裡其他人是否知道這位奇怪的老詩人的情況，所以我保持緘默。

「等那個房間空出來，我也想要搬進去，」克特失望地說：「那裡非常適合寫作……」

他搖搖頭，繼續把玩著書本。我不想讓我的新同伴失望，因此對他說一切都還沒有說定，不用擔心。現在情況還不明朗，要等我親自跟這位詩人談過，才會比較清楚。克特決定先接受我的說法，立刻回復之前的自負態度，就像游泳的人甩掉抽筋一樣。

「我猜喬治只是隨口提提。莎士比亞書店就是這樣，你永遠不知道接下還會發生什麼事。」

把話說清楚後，他便在我旁邊坐下來，我們開始聊天。克特來自佛羅里達州，自小夢想著拍電影。他在錄影帶店打工，看遍了每一部B級片，大學念的也是電影。幾年前，他收拾家當前往紐約試運氣，四處兜售自己創作的《錄影帶英雄》劇本，內容是關於佛羅里達州一家錄影帶出租店裡有名年輕的店員，一天早上，他發現客人誤把一捲勒索影帶拿來歸還。可是克特四處碰壁，後來又發生一連串倒楣的事情，於是，他決定來巴黎試試運氣。

換了國家卻未因此改變命運。他遇到一個女孩，誤以爲對方邀請他同住；接著，在提款機提錢時又被搶劫。最糟糕的是，那次提款讓克特決定把所有存款一次領出，以免每次提錢都得扣一次手續費。

「我應該要把他手上的槍搶過來，」克特語帶悔恨地說：「我看得出來那只是一把信號槍，可是我卻全身僵硬。」

口袋空空、無處可去，有人建議他來莎士比亞書店，這就是他來到這裡的經過。在這樣的環境中，克特的寫作靈感慢慢轉變，現在從電影劇本轉成小說。他儼然一副志向堅定的青年作家模樣，白天在咖啡店裡記下草稿，晚上再回到書店圖書室大聲地敲著打字機。

「我想要再寫一份自傳給喬治，」他認眞地說：「我來這裡以後，人生完全改變。我現在是作家了！這種感受來自於我的血脈。」

可是，不管克特多麼努力想要維持這個新的文學身分，他的言談舉止還是不免透露出電影的味道。我們聊天的時候，他一直考我許多導演的事蹟，而且不斷用電影情節來比喻人生。我來到巴黎，他說就像是電影《你看見死亡的顏色嗎？》[19]裡，強尼．戴普來到西部小鎭，沒有工作、口袋空空。克特甚至還爲自己對電影的狂熱留下印記。他的背上有一個很大的電影膠捲刺青，從他的左肩向下延伸到坐骨，然後再往上到右肩，形成一個大V形。他的目標是把每一段膠捲方格內，塡滿他人生的重要事件，永遠刻印在皮膚上。他給我看了紐約和佛羅里達州的刺青，接下來將會是莎士比亞書店的刺青。

「喬治，他是個偉大的人！偉大的人！」他把襯衫拉下穿好時，重複了這句話。

克特住在書店快要一個月，發現店裡沒什麼章法。書店的正式營業時間是中午到午夜，可是喬治常常會提早開門，讓門口的人群進來。最重要的規定是，所有住客都得在早上起床，在顧客上門之前，幫忙用推車把好幾箱的書推到人行道上展示，並把地掃乾淨。此外，喬治希望每位住客每天都能在店裡幫忙一個小時，分類書籍、洗盤子或做點簡單的木工等等。更不切實際的是，喬治要每位住客每天從圖書室選一本書來看。克特說，很多人選擇劇本或短篇故事來應付，可是他還是很認眞地讀著小說，還從口袋裡拿出一本已經翻爛的《北回歸線》[20]來證明他所言不假。

另外一件重要的事是打烊時間。莎士比亞書店午夜打烊，因此所有住客必須在此之前回到店裡，幫忙把書搬進來，並鎖上店門。打烊時間事實上也是住客的門禁時間，因爲等到店門鎖上後，就很難進來睡覺。克特說，你可以請人到門口等你，或者向窗戶丟石頭來吵醒其他住客。或者最好的做法，他雙眼發亮地說，就是弄一把店門鑰匙。

「現在只有那名高楚人[21]有鑰匙。」

---

19 Dead Man，一九九五年上映，導演是吉姆賈木許（Jim Jarmusch）。故事大綱是威廉（強尼・戴普飾）是一個沒沒無聞的會計師，來到美國西部的窮鄉僻壤赴任，卻在因緣際會之下成了賞金獵人追殺的頭號殺手。一位誤認他是幽靈的印地安人，決定追隨他殺出重圍，直到死亡的邊緣……

20 《北回歸線》（Tropic of Cancer），是亨利・米勒（Henry Miller, 1891-1980）於一九三四年在巴黎出版的第一部自傳體小說，五年後又出版了《南回歸線》，這兩本書的寫作風格形成了一種對傳統觀念的勇猛挑戰與反叛，給歐洲文學先鋒派帶來了巨大的震動。另外還有著名作品「殉色三部曲」：《色史》、《情網》、《夢結》。

21 高楚人（gauchos），拉丁美洲民族，為印地安人和西班牙人長期結合的混血人種，多分布在阿根廷彭巴草原和烏拉圭草原的游牧民族，保留較多印地安文化傳統，主要講西班牙語，信仰天主教，性格剽悍。在十九世紀初拉丁美洲獨立戰爭中扮演重要角色。

這位高楚人也來自於阿根廷。他已經在莎士比亞書店住了三個月，逐漸贏得喬治的信任，也得到持有鑰匙的權力。他努力讓住客維持秩序、看管書店，有時也會幫忙跑跑銀行或處理其他行政庶務。如今這個高楚人準備跟一個女人搬到義大利，他的離開將留下空缺，得有人取代他成爲喬治的頭號助理。店裡流言不斷，大家都猜測誰會得到這個可以擁有鑰匙的職位。克特顯然非常覬覦這個位置。

我一面聽他說話，一面把玩著口袋裡的鑰匙，不知道他們夢寐以求的是不是這一把。不過，我什麼都沒有說，我不想破壞這段才剛萌芽的友誼，更不想在這個好不容易加入的新家庭裡面樹敵。儘管莎士比亞書店看起來是個快樂的閱讀社區，但很明顯的，這裡也有社會階級的存在。

我們的談話被樓下傳來的叫聲打斷。我聽不出吼叫的內容是什麼，不過這聲音就像隻發情的馴鹿，又像前腳被鋼製捕獸夾夾住的灰熊。不管這是什麼聲音，克特跳起來往樓梯跑去。

「是那高楚人在叫。」他回頭對我喊著，「我們得下去了。」

吼叫聲讓我卻步，可是我對這個新環境不熟悉，除了跟著走下樓，也不知道該怎麼辦。樓下有個留著山羊鬍鬚、斜帶著軟呢帽的男子。我猜，這就是克特口中的高楚人。他正靠著櫃臺，對櫃臺後面的女人說話。克特告訴我，那是個年輕女演員，名字叫做蘇菲。她向牛津大學休學一年，來巴黎的賈克樂寇戲劇學校進修。喬治被她的魅力吸引，因此也像琵雅一樣，讓她來店裡打工。

「你到哪去了？」高楚人抬頭看著克特，對他吼著，「要吃晚飯了。」克特急忙道歉，並說明我是新住客，他忙著帶我參觀店內環境。高楚人聽了，立刻挺起胸膛、露出驕傲的神情。

「你打算在這裡住多久？」

「我不確定，」我回答，但心中卻搞不清楚他為什麼這麼問。「可能要一陣子。」

「一個禮拜，」他說：「沒有人能在店裡住超過一個禮拜。」

我聳聳肩，不是很確定。「喬治告訴我，我想住多久就住多久。」

高楚人扮了個鬼臉。「別聽喬治說的，他人太好了。如果每個人想住多久就住多久，書店裡就不會有空位了。你，你住一個禮拜。」

克特把握了這個展現忠心的機會。他輕聲咳嗽，站穩腳步，托出了喬治答應讓我住在收藏室這件事。高楚人聽了立刻不悅，咄咄逼人般地走向我。

「你認為你要如何處置那位詩人呢？」他盤問我，還伸出指頭指著我的胸膛。

正當場面變得越來越難看，書店門突然被打開。走進來的是茶會那天在圖書室翻著一本法中字典的黑髮男子。

「你來了。」他說，一面友善地拍拍我的手臂。「歡迎，歡迎。」

男子說他叫阿布利米特，然後就轉向克特和那高楚人。「我們再不走，就吃不到美味的食物了。」

吃飯皇帝大。高楚人壓抑著怒氣，慢慢地把手指從我的胸前移開。他們三人往門口走去，此時，阿布利米特回頭看著我。

「你不一起來吃飯嗎？」

我猶豫了，可是，阿布利米特再次露出笑容，而克特也過來拉我。就連那高楚人也不情願地點點頭。看起來是暫時休戰了。

9

我住在廉價旅館的那個禮拜，找到了許多在巴黎花一點錢，甚至不花錢就可以吃飽的地方。克里南科特街上有一家餐廳，每個禮拜五只要花錢點半杯啤酒，就有免費的肉丸子和蔬菜無限供應。第七區的美國大教堂會定期提供披薩吃到飽，而且佈道的時間很短。還有，只要四法郎，就可以隨時在城裡的超市買到美味的法國麵包和起司。

其中，最了不得的發現是法文學校裡的一位老師告訴我的。安妮是個氣質出眾的女性，丈夫去世後，就從事語言教學的工作。她非常喜歡向初來乍到者介紹巴黎的魅力，而且和我特別投緣。安妮向我推薦必看歌劇、開書單給我，而且最棒的是，她讓我對巴黎開幕派對的美食大開眼界。

「開幕派對」（Vernissage）的法文和英文的亮光漆（varnish）有關。原本是指畫家在畫展的前一天晚上、在作品上噴上的最後一層亮光漆，後來引申爲開幕派對的意思。在巴黎這個藝術氣息濃厚的城市裡，常常有畫廊爲藝術家個展舉行開幕派對，準備了紅酒和點心來吸引參觀者上門。雖然這些食物主要是招待記者和贊助人，但只要穿著體面、舉止得宜，就可以進入享受美味餐點。

安妮熟知左岸最棒的開幕派對，她來這裡尋找新興藝術家和老朋友，而我則是專心地吞食著餐點。要成功混進去很簡單，專注地欣賞作品、稱讚創作者，然後就可以流連在桌前、狼吞虎嚥地吃下一整天所需的熱量。有一次，左岸一家畫廊端出了幾百盤的迷你菠菜鮭魚蛋餅；還有一次，畫廊包下一艘遊船，在塞納河上舉辦派對，供應壽司和清酒；我最喜歡的一次是一位黎巴嫩裔畫家的派對，主食是豆泥、薄荷沙拉、烤肉串和各式各樣的口袋餅。

一行人走出莎士比亞書店，克特等人認爲我撿便宜的方式根本是外行。在這裡，每位住客都瀕臨破產，而書店樓下又沒有適當的煮飯場所，因此每個人都成了撿剩菜專家。他們發誓會把拾荒技巧傳授給我，而且就從這一晚開始。

我們出了書店向左轉，過了聖夏克街後走上玉榭街。這條狹窄的街道曾經是巴黎最骯髒的地區之一，拿破崙年輕時初來此地，就是住在這裡。如今這裡成了熱門的旅遊景點，林立的希臘餐廳爭相用豐盛的海鮮串燒和烤肉香氣來吸引遊客上門。門口的服務生無所不用其極地招徠客人，每每看中荷包滿滿的遊客，就會和他們嬉鬧、一起用腳踩碎瓷盤。

莎士比亞書店的住客當然不值得他們浪費瓷盤來拉攏，所以我們很容易就通過了這條街。接著來到聖米歇爾廣場、穿越張牙舞爪的石獅，再經過聖安德烈藝術小街上的花店和時髦酒吧，接著走上聖傑曼大道，最後來到馬比隆街上一棟陰森灰暗的建築前面。兩名警衛無精打采地站在門口，可是克特要我表情自然地走進去。我們爬上兩層樓，來到一間偌大的餐廳，裡面排放著一排又一排的長凳，餐臺前大排長龍。

這裡是學生餐廳，巴黎有十幾個這樣的地方。在政府的補貼下，全餐只要十五法郎，相當於兩塊美元。依規定需要出示學生證，可是隊伍裡不乏像我們這樣的冒牌貨——一個帶著三名幼童的家庭、幾個剃著光頭的壯漢，還有一個從襯衫到褲管都是污漬的醉漢。一張彩色的飯票可以換到兩個麵包、一碗蔬菜濃湯、厚厚的一片起司、半個水煮蛋配芥末美乃滋，主菜是烤羊肉、炒薯角和青豆，甜點則是草莓優格，甚至還有一片灑上杏仁片的蜂蜜海綿蛋糕。眼看我手上的餐盤堆上一個又一個的驚喜，我開始認同這些室友們的說法：這真的是全巴黎最划算的餐點。

我們一起坐在一條長板凳上，吃飯的時候，克特一面還擔任巡視的工作。每當有人在餐盤留下一口也沒有吃的起司，或者剩下的麵包還很大塊，克特就會立刻跑去拿過來。他的任務是蒐集足夠的剩菜，當作所有書店住客的宵夜。

「好好學著點，」高楚人說：「下次該你了。」

用餐期間，阿布利米特一直問我關於報社工作和加拿大媒體自由的問題。我第一天看到他拿著法中字典，原來他眞的是從中國來的，可是他不是中國人，他強調。他是烏魯木齊人，是中國西北邊的少數民族。曾擔任電視新聞記者和記錄片製作人有五年多的時間，對於政府要求正面新聞的審查和施壓感到失望。於是兩年前，就在他剛滿三十歲的時候，他設法弄到簽證前往西方，先是到了以色列的一家農場，然後輾轉來到巴黎，住進了莎士比亞書店。

「人們可以在這裡找回自我。」阿布利米特聳聳肩地說。

我一面吃著飯一面感到幸福無比，部分原因是飽餐後的滿足。我的身材一向清瘦，身高六呎一吋，體重一直維持在一百七十磅。之前在巴黎過了一個月的苦日子，爲了省錢常常餓肚子，如果我知道哪天晚上會有開幕派對，我就會先餓上一整天。一個禮拜前，我經過一家可以讓人免費量體重的藥局，我站上磅秤，數字顯示我只有七十四公斤，我在筆記本上換算後才吃驚不已。我的體重居然不到一百六十三磅！我被迫少吃，又常走路，短時間內就瘦了七磅，我不能再瘦下去了。今天喝了喬治的甜椒湯，再加上這餐豐盛的學生晚餐，我的身體享受到豐富的鹽分和熱量，全身細胞都在歡呼著。

我還因爲找到這家書店而狂喜不已。困境一下子獲得解決，這眞是天上掉下來的奇蹟。我感到輕鬆不已——之前害怕成爲流浪漢，或者更糟的是，要向父母借錢——現在完全不用擔心了。當然，如果當時我理性地分析我的情況，應該會發現事情根本沒有改善，我還是沒有錢、沒有工作，對未來依舊毫無計畫，而且書店的床位也不能久佔。當初搬進這家聲名狼藉的老書店時，是無法理性思考的。我和三位謎樣的男子吃飯，他們來自世界不同的角落，如今住在一起，大家分享著彼此的故事，像朋友一樣笑鬧著。一切眞是太美好了！

另外，有一件事我沒有告訴任何人，那一餐我吃得特別高興是因爲那天是我的生日。我二十九歲了，儘管我一向不過生日，認爲只有母親才有權慶祝我們的生日，但我很高興我的生日不是一個人過。如果我沒有找到這家書店，那天晚上就會在沉悶的旅館房間度過，心中唯一的期待，只有隔日另一段漫長的散步。至少莎士比亞書店讓我對一切未知燃起無限的希望。

晚餐後，克特蒐集到一大袋剩菜，我們到樓下販賣機各買了一杯兩法郎的咖啡。他們三人說出了當晚的計畫：阿布利米特要到附近的咖啡店教中文，克特白天在店裡遇到一位年輕女士，應邀與她喝杯酒，而高楚人隔天就要啓程去義大利，還需要去辦點事情。阿布利米特和克特先離開，留下我和高楚人在學生餐廳門口。現在只剩我們兩個人，高楚人用和之前一樣不和善的語氣對我說話。

「我在這裡是老大，」他說：「你最好記住這一點。」

雖然我很興奮，但他的話還是讓我怒火中燒。我一向有一套寵物理論：人類的善惡面剛好和動物面、人性面的分界相符合。動物面是指將陌生人驅出領域、與異性交配，以及私藏食物和物品的本能。人性面則來自於大腦過度進化，讓我們能夠理性地預測我們的行爲結果，提醒自己與陌生人和平相處才是安全之道，以及與社群成員共享資源以求保護。現在高楚人站在我面前，根本無異於一隻想要證明雄性勢力的狗。

「我會看緊你，」他警告，「別以爲你能僥倖逃過我的法眼。」

我還來不及說什麼，他就轉身離去，消失在巴黎的夜晚街頭。

10

我的心情儘管被高楚人影響，但走回書店的路上，心中卻掛念著更迫切的事情。喬治信任我，才會指派這麼艱難的任務給我，我急於想要證明我的價值。另外，我還在思考一個一石二鳥之計——如果我可以客氣地把詩人趕走，不但能取悅喬治，也能殺殺高楚人的銳氣。

我回到書店時，收藏室空無一人。百葉窗拉開著，燈也亮著，可是門卻鎖上。我要找的人似乎不在裡面。我確定賽門還沒有回來，於是回到書店，想要坐在窗戶旁，隨時留意收藏室的動靜。

收銀臺前坐著一個臉色蒼白的黑髮男子。他一身時髦的黑色西裝外套、藍襯衫和黑領帶。他的打扮讓我想起八〇年代穿著緊身褲、打著細長領帶的現代派，可是眼前這個人卻顯得更陰沉。我跟他打招呼，他縮到櫃臺後方角落，挑起眉毛，面露狐疑。

我立刻自我介紹，企圖緩和氣氛，並且告訴他，我會在書店住上一段時間。我伸出手來，直到懸在半空中的手開始發痠，他才姑且接受我的問候。

「我聽人說起你……」他的聲音帶有濃濃的北倫敦腔調，保持警覺地站在角落，可是看起來就像是剛起床、還弄不清自己身在何處一樣，然後，他調整姿勢、搖搖頭，微笑著坐回椅子上。

「哦，哈囉，老兄。這幾天我總是心不在焉。」他用力地打了他的左耳兩次，以便作效果。「我的耳朵有問題。我想，它影響了我的平衡感。」

男人殷勤地向我招手，要我坐到櫃臺後面的綠色鐵椅上，並說：「把這裡當成自家一樣。眞抱歉，我剛剛有點失神。是這樣的，書店晚上會出現一些奇怪的人，而我有點……」他把手指放在下巴，想要找出適當的字眼，「……擔心。」

接著，他把手伸到收銀機下方，拿出一個黑色的大手電筒，手電筒後方有長長的金屬把手，是不能配戴致命武器的警衛隨身攜帶的那種。

「我準備了這個，以防萬一。」他笑著說，一面輕輕地撫摸著手電筒。

我對於莎士比亞書店一切特異的人事物已經見怪不怪，只回答，這似乎是不錯的方法。

這男人叫路克，專門值夜班。他已經有計畫性地漂泊多年——曾在西班牙和希臘的爵士樂團裡吹奏口琴，背包裡裝著寫小說用的舊型文字處理機和筆記本，從紐約流浪到里約，又往返於印度和泰國。他曾在幽暗的爵士俱樂部工作過，可是上一份正式工作又稍微偏離演奏專業，他擔任技術人員，爲體育館的搖滾演唱架設音響和舞臺設備。

路克在前一年四月間來到巴黎，當時身上只有三百塊錢，正打算到工地找份工作。結果，第二天就碰巧經過莎士比亞書店，並決定進來應徵。喬治不但給他夜班的工作，還提供一張床。於是，他便在這裡安頓下來。

不久以前，路克已經在城北找到一間公寓，離我之前住的旅館不遠，但他還是會繼續到店裡值周一到周六、八點到十二點的夜班。書店營業到那麼晚有個壞處，那就是會引來一些不可預期的客層。因此，除了整理書架、賣書給夜貓子顧客之外，路克主要的工作是驅趕那些喜歡在午夜時分出現的小偷、醉漢和胡言亂語的瘋子。

「現在就有一個。」路克立刻起身，果然，在門口的櫻桃樹旁，有個醉漢步履蹣跚地在夜空下咆哮，手上還揮著一瓶快要喝完的廉價波爾多紅酒。

我從窗戶往外看，看到路克抓起醉漢的手臂，在他耳邊說了幾句話，然後就拉著他離開書店。醉漢瘋狂地大笑，簡直像個要去看馬戲團的小孩一樣，一分鐘後路克回到店裡，誇張地甩一甩手。「那個人根本就像是酷斯拉。」

和路克坐在莎士比亞書店的櫃臺前，是非常恐怖緊張的經驗，就像是受到詛咒，一直處於門後不知是美女還是老虎的疑懼中。只要店門一開，他一定退後準備自衛。如果是朋友、遊客或者最好是個可愛的年輕女人，他就會露出笑容，展現出最殷勤的態度。如果是怪異的夜間訪客，他就會跳到前面，伸手指著門口大喊，「出去！出去！出去！」

我真心喜歡這位剛認識的朋友。他有一種具破壞性的魅力，而且一身黑西裝坐在那裡，又是那麼的優雅。路客問我在等誰，我很自然地說出了我的任務。

「這就是喬治的作風，」路克了解了我的任務內容後說道：「他會讓人陷入窘境，然後看看會怎麼樣。他就是這麼一個煽動分子。」

根據路克的說法，賽門在一九九五年搬進莎士比亞書店時，是個無可救藥的酒鬼。在喬治的監督下，他努力戒酒，現在他早就已經不喝酒了，但還是賴在書店不走。這真是惡性循環。賽門留在這裡越久、就越依賴這裡而離不開，而他越依賴，就越難趕他走。

克特和高楚人都年輕氣盛，一直鬧著要趕賽門走。對於這個詩人，他們既不喜歡也不信任。賽門年紀大他們很多，有一點高傲，而且非常自大。他們常常嫌他的牙齒，說他有著非常英國式的笑容。高楚人常向喬治告狀，說賽門偷錢，並一一指出他懶惰的事例。路克也懷疑賽門手腳不乾淨，並認同這位詩人需要有人推他一把、讓他振作起來。

「喬治從來不會自己開口叫賽門離開。這不符合他的個性——他不喜歡與人起爭執，」路克斷定，「他會找你這樣的人幫忙，可以說得通。」

顯然喬治常常把這樣的責任交託給陌生人。路克舉了個例子，是關於喬治在巴黎的一個老朋友。一九六〇年代，喬治正在櫃臺前忙著，此人走進書店。喬治請這人幫個小忙——他必須外出一下，所以要這個陌生人幫他看店。雖然這個人只想買本英文小說，但還是答應了。四個小時後喬治才回來，原來他是去市郊的一座圖書倉庫訂書。這段時間內，這名隨便拉來的顧客堅守崗位，而且還記錄了每一本賣出的書和每一筆收進來的錢。

「你會在喬治身上發現他識人有道，」路克說：「他看走眼的時候不多。」

我和路克已經聊了一個多小時，我決定再去確認這位神秘的賽門是不是已經悄悄進門。我走出去，看到收藏室外面的書本和長椅已經不見，百葉窗也拉了下來，門窗上甚至放上厚重的擋門木板。不過，室內的燈光依舊亮著。

我很驚訝這些動作居然沒有驚動我和路克，我用力地敲門。敲第二次、敲第三次後，裡面的人用高昂的英國腔氣憤地回答。

「幹什麼？」

「賽門？我剛搬來，喬治要我來跟你談一談。」房裡靜默許久。「我很累了，好嗎？」最後，他終於回答。「而且我不大舒服。我今天出了意外，現在沒法跟你談話。」

「聽著，喬治堅持要我來找你。我們能不能談個五分鐘？」

「有點同情心可以嗎？我今天已經夠慘了。明天早上再來。好嗎，老兄？」

我悻悻然回到書店，很氣自己居然讓這個詩人從我指縫間逃走。路克坐著、會意地點點頭。

「我覺得他是偷溜進來的。自從趕他出去的聲音出現後，他就一直很低調。眞是狡猾。」

路克看到我垂頭喪氣，於是笑了。

「別擔心，老哥。你明天還會有機會的。」

午夜時分，我幫忙路克收拾櫃臺，其他人則把書箱搬進來，準備關店。這一天眞是夠累的了，我爬上樓，在我這張擺在書堆中、奇怪的新床上面倒頭就睡。

II

我一早醒來，立刻睜開眼睛，周遭的一切變得鮮明、清楚，這種感覺就像是剛賽跑完或站在白浪滔滔的大海前一樣。我一直是那種鬧鐘響了會先按下去的人，在床上賴床，想著上班或上學遲到十分鐘、二十分鐘、三十分鐘的藉口。可是，我住進書店的第一天，完全沒有意識不清或想要賴床的感覺。我充滿活力。

圖書室裡光線昏暗，無法分辨時間。不過，書店裡眞冷，冷到我的呼吸都形成霧氣。我迅速穿好衣服，另外還加上了從家裡帶來的毛衣和軟呢帽。

阿布利米特坐在前廳書桌前，寫著文法練習題。我靠過去，他伸出手指按在我的嘴唇上，並指著高楚人蜷身熟睡的地方。我看到阿布利米特的右手拇指和食指的地方，有個字母E和一個中文字。這是個特別的習慣，他解釋道，每天早上會在手上寫個字母F或E，提醒他那一天要用什麼語言思考。

「你必須訓練你的頭腦。」他指著太陽穴輕聲說道。

時間還不到十點，喬治還在馬貝廣場上的蔬菜市場買菜。阿布利米特告訴我，等喬治回來我們就會開店。於是，我回到房間，打開燈，從書架上抽出一本書來看。這本書是《蘿莉塔》，越讀下去越驚覺以前怎麼沒想到要看這本書。戀童癖的噁心行爲是任何報社都會刊登的報導，所以我已經非常擅於描寫兒童性侵事件。我全程聆聽性侵案審判或訪問受害者母親不下數十次，如今拜讀納博科夫的作品，才首次發現病態的故事居然可以用如此深情的口吻來描寫。

快十一點的時候，喬治回來了。他一身花花綠綠——陳舊的藍色棒球帽像塊破布似的鬆垮地頂在頭上，缺了扣子的紅色獵裝，鮮紫色的襯衫，長度只到腳踝的褲子，還露出兩隻不成對的襪子。他手上提著一個帆布購物袋，一大把蒜苗垂在外頭。

「你在看哪一本書？」他拍了一下書的封面問道。

我給他看了書的封面，他點頭表示同意。「我比較喜歡《幽冥的火》，不過，偉大的俄國小說絕對無可匹敵，」他說：「我最喜歡的是《白痴》」。我覺得我和梅什金公爵有點像，都在這個世界上跌跌撞撞地追求夢想，想要脫離現實，竭盡全力。」

該上工了，喬治把蒜苗丟在辦公室，我也趕緊下樓。克特睡在彩繪玻璃壁龕對面的床上，而書店裡的第六位、也是最後一位住客，來自波隆那的義大利女人則睡在俄文叢書區。我把他們兩位搖起床，對他們說，莎士比亞書店要開始營業了。

高楚人正站在店門前解釋著他有包裹要寄，不能留下來幫忙。阿布利米特站在喬治身旁，專心地望著天空。天空一如往常抑鬱灰暗。

「把所有東西搬出去！」喬治咆哮著。

「可是，老闆，你不覺得要下雨了嗎？」

「胡說八道！」喬治衝向阿布利米特，拿著手上褪色的棒球帽打他的背。「你怎麼了，是瘋子嗎？」

阿布利米特還來不及開口，喬治便閃身進入店裡。在夜間，所有書箱都堆在櫃臺和走道兩旁的展示架上。喬治拿來一條長木板、步履蹣跚地走出店外。我擔心他高齡八十六歲的身體支撐不住，趕忙衝上去幫忙，可是他卻嫌惡地把我甩開。

「你在幹什麼，笨蛋？去拿板凳來。」

我在裡面找到了兩張破舊的板凳，喬治把木板放在上面，成為展示櫥窗前的書架。克特、阿布利米特和那義大利女人趕忙搬出一箱又一箱的便宜平裝書，我乘機把收藏室的狀況看個仔細。百葉窗開著，門窗上的木栓也被移走，可是房裡沒有人……又讓賽門給逃掉了！

此時，克特搬出了一整套的一九六七年《大英百科全書》，喬治堅信，如果把這套書擺在門口，時間久了，一定可以賣掉。阿布利米特指著那套書在我耳邊小聲說：「喬治有時頭腦不清。誰會想買舊的百科全書？」

喬治似乎察覺到周遭的不滿情緒，怒氣沖沖地走過去幫克特一起搬百科全書。接著，又回頭把G到N冊用力撞在阿布利米特的肚子上，就咕噥著走掉了。

人行道上的書架擺設完畢，店裡也清掃乾淨，大夥一哄而散。喬治坐在櫃臺前一面喝咖啡，一面讀著《國際論壇報》。他一向廣閱報紙，年輕時還有剪報的習慣，舉凡勞工議題、貧窮研究，和蘇聯的政治運動，他都非常關心。如今，他只是隨意翻閱報紙，抱怨這一切都是資本主義者的宣傳手法。現在是十一點十五分，而書店要等到正午才會正式營業，所以琵雅還沒有來上班。

「有什麼事需要我幫忙嗎？」

他不滿地哼了一聲，揮手要我走開，可是我太想給他好印象，所以還不死心。「也許我可以把這些書搬走？」我指著櫃臺邊搖搖欲墜的一大疊平裝書。喬治頭也不抬，只動了一下手背表示同意。我正準備開始搬書，但立刻又被阻止。

「這些書不是放那裡的，你這笨蛋！」他拿起一本精裝書甩到我胸前。「把它和藝術書放一起。」

我們忙了快一個小時，我負責排書，喬治負責服務顧客和叫貨，剛過正午，琵雅騎著腳踏車姍姍來遲。她繫著一條粉紅色絲巾，一路騎車到書店讓她兩頰發紅。喬治叨念著她遲到十五分鐘，但琵雅親吻他的臉頰、對他道早安，讓他生不了氣。

「你能幫我個小忙嗎？」琵雅等喬治上樓後問我，「我昨晚衰透了。你能不能幫我站櫃臺五分鐘？」

我還來不及回答，她就衝出門外。

坐在莎士比亞書店的櫃臺前，感覺有點像是開著一艘大船。櫃臺位於書店門口，面對窗戶，整家書店都在你後面。也就是說，顧客進門會從你身邊經過，然後消失在各個房間。監視他們的唯一方式，就是從座位上痛苦地扭著脖子往後看。這個位置的好處在於它的景觀，你可以從這裡欣賞廣場的遊客、兩棵櫻桃樹，還有後方西堤島的美麗陰影。

琵雅離開後，我發現我根本不知道我要做什麼。收銀機上沾滿了各種冷熱飲料黏答答的漬痕，現金抽屜半開著，露出皺巴巴的五十和一百元法郎鈔票。一堆硬幣凌亂地散布在桌面上，地上還有兩張揉成一團的五十法郎鈔票，整個亂到不行。我試著按收銀機上的按鈕，似乎沒有一個有作用，這時有位顧客走來。

「你能不能告訴我這本書多少錢？」

一位表情嚴肅的女士拿著一本《流動的饗宴》平裝本。喬治特別在店裡存放了幾十本，因爲有很多遊客想要了解海明威在巴黎的經歷。他們有時還以爲店裡會像雪維兒・畢奇的原始莎士比亞書店一樣，有一整個房間都存放著海明威的回憶錄。甚至還會有顧客請喬治在這本書上簽名，這讓他很生氣。

我把這本書徹底地檢查一遍，只看到了美國的售價。「上面寫著十二美元。」我的回答一點幫助也沒有。

那位女士從皮包裡翻出一臺計算機，我們準備換算匯率，這時我發現收銀機裡面貼著一張白紙，上面寫著計算公式：$＝10，£＝12。若用這個匯率來計算，這位女士應該付一百二十法郎，可是她卻表示公訂匯率應該接近七法郎換一美元。我只好同意。計算出價錢後，她拿出信用卡來付八十四法郎。

接著，我又一陣手忙腳亂地尋找刷卡機。我想要找到那種有磁性讀卡和打孔板的機器，可是找不到。我往櫃臺下方翻，希望能找到舊式的複印刷卡板，還是找不到。那位女士越來越不耐煩，可是她手上只有六十八塊錢的銅板。我很不好意思地收了她的現金，催她離開，以免喬治發現我的無能。

我繼續坐著，思考該如何應付下一位顧客。這時，克特走了進來。

「琵雅和朋友在潘尼斯喝咖啡。你被她耍了。」他不以為然地搖搖頭，然後說他要上樓寫作。

「等一等，克特！」我趁他離開前趕緊叫他，「我們收信用卡嗎？」

他挑眉看著我。「老兄，莎士比亞書店連電話都沒有，當然也不收信用卡。」

下一位顧客是個瘦弱的年輕人，買的是《愛在瘟疫蔓延時》，還好他是付現。只是他要我幫他在書上蓋店章時，我有點錯愕。我還記得伊芙邀我參加茶會那天是怎麼做的，於是找到了印泥，把眼神溫柔的莎士比亞像蓋在首頁上。等他離開後，進來一對年輕男女，女人拿著一本旅遊指南正專心研讀著。

「這就是莎士比亞書店。他們協助出版了《尤里西斯》，老闆是詩人瓦特·惠特曼之子。」她言之鑿鑿地說著。

男人面露倦怠地聽著。我正打算糾正她，他們卻轉身離開，趕忙參觀下一個景點：全巴黎第二老的樹，坐落在書店旁公園的水泥圍牆裡。

琵雅離開半小時後、再度現身，還不斷地向我道歉。「我非得喝杯咖啡不可。你絕不會相信我遇到了什麼事。眞是累人。」

她告訴我，她的難題複雜到難以解釋，所以只是眨眨眼，接下了櫃臺的工作。我同情她的遭遇，但我只能結結巴巴地說著只要她需要，我隨時可以代班。然後，我感到雙頰發燙，只得趕緊離開。

我走上樓，看到克特又在用力敲著打字機。我搖晃鑰匙的聲音引來他一陣白眼，責怪我打擾他寫作，我只得越過走廊去敲喬治的門。

「還有沒有別的事？」

喬治坐在書桌前研究一本圖書目錄，並小心地拿著一隻鈍鉛筆塡寫訂單。他抬頭看著我，似乎不懂我的問題。

「出去享受這個城市。」

我站著不動。「我想要幫忙。」

「你怎麼不去寫作呢？」

「我晚上再寫。」

他嘆口氣，放下鉛筆。「我積了太多工作了。我想下樓招呼顧客，那裡才是好玩的地方，可是我卻得待在這裡。」

他拿起一本圖書目錄向我晃了一下，然後要我走近。「這不是很糟糕嗎？」他指著一大堆拍賣書說：「《孫子兵法》居然被歸爲商業顧問書籍。我們的社會到底是怎麼了？」

他把目錄推到一邊，從口袋裡拿出一張紅色的兩百法郎鈔票。

「如果你眞想要幫忙，對岸有家瑪莎百貨，他們賣的切達起司是全巴黎獨一無二的，幫我買兩塊口味最強烈的起司。」

他抓抓腦袋，又想了一下。

「附近還有一家艾德商店，是全巴黎最便宜的店。無核橄欖和啤酒，那裡有便宜的德國瓶裝啤酒，小箱的只要十五法郎。記得要買最烈的。」

「最烈的？」

「你知道的啊！」他厲聲說道：「最烈的，價錢和原味的一樣。快去吧！」

我很容易就找到了里沃利街上、夏特雷塔旁的瑪莎百貨，可是豐富的起司商品可難倒我了。切達起司分爲六級，包括「強烈」和「辛辣」。依照架上的排列，「辛辣」應該是口味最重的。問題是，喬治所說的「口味強烈」到底是名詞還是形容詞？這眞是個令人畏懼的試煉，我在起司區來回繞了三次，試圖回想起他說話的語氣。最後，我判定喬治是個口味很重的人，於是買了兩塊「辛辣」口味的起司。

街角就是艾德商店。這是家有著傳統雜貨店特色的便宜商店，所有產品都堆放在紙箱內，全部都是超大包裝，櫃臺前大排長龍，塑膠袋還得花錢買。此處和北美折扣商店最大的不同，則展現在店裡所賣的產品上——香檳、沒有牌子的鵝肝醬、冷凍鴨肉、七種芥末醬。這裡非常注重美食。

橄欖和啤酒都不難找到。最烈的啤酒顯然就是酒精含量爲百分之六點九的那一種，而原味的酒精含量是百分之四點五。唯一讓我不解的是，一個八十六歲的老人喝酒精濃度那麼高的啤酒是否適當。我想起他早上精神抖擻地揮舞著厚木板，於是買了六瓶最烈的啤酒。

我把買來的東西連同收據、餘錢交給喬治。他拿出一塊起司，仔細看了上面的標籤，然後向我眨眨眼，表示非常滿意。

「我做了你的午餐。」說完，便從廚房拿來一個自製的烤洋蔥漢堡。

他爲我們各開了一瓶啤酒，倒在裝了一半冰塊的杯子裡。一面吃著，我一面描述前一晚是如何錯過賽門，以及他答應今天要跟我談。喬治點頭表示認可，並且再度強調他希望收藏室白天可以開放給顧客使用。

「偵探小說。」他嘆口氣。

我還把我站了半小時櫃臺的事情告訴喬治，但沒有透露那位堅持刷卡的女士造成的小小損失。他對於遊客搞不清書店歷史的事情特別感興趣。

出版《尤里西斯》的是雪維兒．畢奇的老書店，人們把喬治的莎士比亞書店混爲一談，似乎讓他困擾。不過，人們之所以誤以爲喬治的父親是偉大詩人瓦特．惠特曼，其實還是要怪喬治自己。這位詩人是喬治最崇拜人之一，不光是因爲《草葉集》，還因爲他在世紀交替之際，努力在布魯克林區成爲作風大膽的出版商。瓦特．惠特曼在出版界貢獻卓越，後人甚至爲他豎立雕像供遊客景仰。喬治在一九四〇年代初到巴黎時，常常假裝自己是這位詩人的私生孫子，甚至還寫信給母親，請她查詢家譜。相關傳聞甚至還上了《紐約時報》、《華盛頓郵報》和《獨立報》等報紙。隨著喬治年齡增長，他的年齡成謎，傳聞也就更誇張了，把他說成是瓦特．惠特曼的親生兒子——無視詩人在一八九二年就已辭世，二十一年後喬治才出生的事實。如此說來，遊客有時會詢問他們是否有血緣關係，也不足爲奇了。

「有時候我會說有，」喬治聳聳肩說：「那又怎樣？讓他們以爲他是我父親，他們會很高興。」

其實喬治也不算在說謊。他的父親的確叫做瓦特．惠特曼，而且也是作家，只不過寫的是科學教科書，而不是敘事詩。

我把盤中食物吃完，起身謝謝他的招待。他舉起鉛筆揮手表示再見，但我才剛走出門，他又叫住我。

「等一下，你讀讀這本書。」

他推給我一本已經翻爛了的平裝書。是《白痴》這本小說。

接下來，我一整天都站在門口等賽門回來。黃昏日落，夜晚降臨，路克來上班了。

「還是沒等到？」他問。

我和路克聊了一個多小時，每十五分鐘我就會站起來看看收藏室，確定那詩人不會偷偷溜回來。九點左右，克特也回來了，手上還拿著一瓶紅酒。

「特價一瓶十一法郎。」他高興地說。

我告訴克特，我不能跟他上樓喝酒，因爲我在等那名詩人，他搖頭。

「我可以幫你把賽門的東西丟到馬路上。」

我告訴他不需要這麼做，克特便開始繼續抱怨這名詩人。此時，我聽到非常細微的摩擦聲響，於是立刻衝到店門口。看到一位身材高大的男人，他頭戴黑邊鑲花布紋的帽子，身穿七〇年代的咖啡色絨布風衣，還戴著銀框眼鏡。他有著修長的臉，帽緣露出捲曲的白髮。我的突然出現把他嚇了一跳，還想用笑容掩飾失望。我看到他露出幾顆僅有的爛牙，眞的很有英國風格。

「賽門？」

I2

「賽門？」我又叫了一次。「我們約好今早聊一聊的。我等你一整天了。」

那男人正搬了一張長凳準備走進收藏室。他把長凳放回地上，直起腰、優雅地翻翻衣領。

「哦……哦，你好，老兄。」他四處張望，似乎在找藏身之處。「我也正要找你。讓我先收拾一下，好像快下雨了。」

巴黎的夜晚常有烏雲，但不見得會下雨。可是，賽門還是伸出他修長的指頭，作勢要接住第一滴雨。我別無選擇，只得接受他的說法，同時也正式對他自我介紹，還幫他一起整理收藏室。我跟著賽門走進他的房間，站在門口看好戲的路克對我鼓勵似地點點頭。

我們把門鎖上，並用鐵條把百葉窗固定住，整個收藏室就像碉堡一樣堅不可摧。賽門拍拍用來擋門的木栓並告訴我，他需要確保門窗鎖好，以防宵小入侵。

「他們會整晚打鬧、叫囂，一直到天色大亮爲止。有一次，一個醉漢甚至在門口撒尿、積成水窪。我待在這房間裡，就像是安然站在毒氣室窗外觀賞死囚行刑一樣。」

不過，房間關得那麼密，讓人有窒息的恐懼，更別提還有那種一大群男人擠在一起的強烈麝香味。我越過晚上收進房裡的一大堆箱子和板凳，找到一張皮椅坐下來。賽門立刻爲前一晚的事情道歉。

「你絕不會相信發生了什麼事。我走在河邊，有個穿著直排輪的女人像惡魔一樣衝過來把我撞倒。直排輪應該被法律禁止，太美國化了。難道不能好好地走路嗎？爲什麼要在腳上綁輪子，衝到時速一百英里，撞倒無辜的路人，讓他們摔在地上呢？我的手可能會骨折呢！」

我們談話的時候，賽門還一面收拾著一疊橘色和藍色的資料夾。儘管看起來是無意識的動作，我還是考慮著要不要打斷他。

「聽著，」我終於開口，「喬治要我跟你談一談……」

賽門聽了，臉色立刻灰得像麥片粥一樣，還舉起手叫我不要再說下去。他跪下來，瘋狂地在床鋪下搜尋，最後終於拉出一個綠色的紙箱。他大大地鬆一口氣、並打開紙箱，拿出一個標籤上寫著「新可狄翁」（Neo-Codion）的透明咖啡色玻璃瓶。

「我不舒服，都是這怪天氣害的。」他撇頭朝著門的方向說道：「這可以舒緩胸悶的感覺。」

他把手摀住嘴巴、輕輕咳嗽，聽起來很像故意的。接著，他舉起玻璃瓶，緩慢地喝了一大口糖漿。

「可狄翁隊長的午夜特攻隊來救我囉！」他一面用手背擦著嘴巴一面說著。

我曾聽說過法國列爲合法的可待因會讓人瘋言瘋語，但這可是我第一次親自遇到。在加拿大，可待因這種含鴉片的止痛劑是用來舒緩小手術的疼痛或嚴重牙痛，但必須有醫生處方。我當記者時，前輩渥羅夏克會向他的女朋友們要來富含可待因的泰諾3藥片。每當在報社遇到不順遂的事情，我們就會坐在他的公寓裡，每人吞下一把藥片，懶散地看好幾個小時的卡通頻道。它是一種讓人舒服的緩和劑，沒什麼特別的。

可是在法國，可待因自成一個產業。只要六法郎，就可以在藥房買到六盎司玻璃瓶裝的可待因糖漿；或再多花個一塊五毛法郎，就可以買一大袋二十顆裝的淺藍色可待因糖錠。一顆糖錠或一小匙糖漿的可待因含量，就相當於一顆泰諾3，而且不用醫生處方就可以買得到。雖然政府立法限制每人每天只能買一盒糖錠或一瓶糖漿，但藥房通常都會通融熟客。不過，巴黎街上處處可見掛著綠色十字的藥房，要囤積這種藥品實在是太容易了。

因此在可待因甜蜜的魔力下，荒誕不經的故事屢見不鮮。

藥物濫用的問題引發各界爭議。有一派表示政府必須讓那些在法屬印度支那染上鴉片和海洛因毒癮的勞工，回國後能有機會適應過度期。我最喜歡的則是陰謀論的說法：這些便宜的可待因是甜蜜又廉價的鎮定劑，可以讓那些惡名昭彰的革命分子快樂地沉迷。賽門現在顯然比較平靜了。

「巴黎的冬天，」他嘆口氣道：「濕氣滲透到骨頭裡。老頭子爲了省電，不喜歡我在這裡開暖氣。」

他又喝了一大口糖漿，扮了個鬼臉做效果，然後就蓋上蓋子，把玻璃瓶放回床鋪底下。眼看賽門鎮靜多了，於是我們回到我來訪的主題上。

「聽著，我對於整個情況不是很了解，可是喬治說你已經住在書店太久了。」我說：「他要我住進這個房間，且必須設法讓你在這個禮拜離開。」

「他眞的那麼說嗎？喬治要趕我走？」

我點點頭，而賽門則沮喪地向後靠、眼睛瞪著天花板。

「你有地方可以去吧！對不對？」

「當然，我有朋友，我可以找到地方去，可是現在臨時通知，我沒有辦法。我需要時間。現在又是冬天，我不能就這樣流落街頭，外頭太冷了。」

他摘下帽子，用手順一順頭髮。他的力道逐漸轉強，我擔心他會連頭皮都抓下來。最後，他生氣地用手打床。

「你知道事情的來龍去脈，對不對？都是隔壁那些小孩。那個高楚人和他那英俊的小跟班。叫什麼來著？眞令人厭惡。克、特——對了，就是這個名字。他們橫行無阻，好像這地方是他們的一樣。現在他們又突發奇想，覺得我該離開了。他們對喬治說我的壞話。沒有人了解我有多憎恨這個文明階級和它製造出來的人。」

他現在感到暖和多了，於是把手伸到床下，想要再多喝一點糖漿，結果拉出一個看起來像是啤酒罐的東西。他撬開瓶蓋，抬頭大口灌著，一口氣全部喝光，就像鵜鶘吞魚一樣。

「別擔心，這不含酒精。」他一面說一面急著給我看標籤。「有啤酒的味道，但是完全沒有酒精成分。不過我告訴你，這份新來的壓力會讓我再度酗酒，因爲我受不了。你得幫我。」

賽門無助地望著我，讓我啞口無言。他身上的衣服破舊，又在一個沒有浴室和廚房的書店住了五年。可想而知，他的經濟一定相當拮据。依我和他短暫相處的情況來判斷，他應該不是那種可以嚴守日出而作、日落而息習慣的人。

「你能不能再給我幾天的時間？」他用極度絕望的眼神詢問我。

此時，賽門從腰包中取出一個有塑膠瓶蓋的藥水瓶。他打開瓶蓋，倒出一大撮大麻煙草。

「你不抽菸吧？我睡覺前通常都會哈根草。我想今晚我會需要它。」

就這樣，展開了一個無限迴旋的夜晚。賽門的腦中像是有許多火車在不同的軌道上行走，他的思緒和談話內容就像CD隨機播放一樣。整個晚上，他用各種不同的聲音和語調說話，一下子是中年的美國女人、一下子是十九世紀的殖民軍官、戰後時代的學生、六十幾歲的牙買加黑人教徒、倫敦警察，甚至還學魔鬼說話。我就像是在觀賞各式各樣的角色客串演出一樣，而不是在聽一人獨白。

「前幾天我在BBC全球廣播中聽到一則報導，警察居然可以監聽電話。他們無所不在！我得先聲明，我有不少和警察打交道的經驗，我曾在六〇年代待過倫敦。只要兩千微克的迷幻藥，就會讓你感覺像有一百萬隻米老鼠騎著一百萬輛迷你摩托車從頭上呼嘯而過一樣。哦，我和警察很熟，算是相交甚篤。『哈囉，老賽。又幹壞事了，對不對？哦，史蒂芬警官，出來賺加班費啊？』老天，感覺就像是昨天一樣。」

他又灌了一大口可待因。

「巴黎和我當初所知道已經大不相同，太多噪音、太多遊客、太多穿直排輪的美國佬。那些人用煩人的聲音說著，『把照相機準備好，我要在艾菲爾鐵塔前面照相。蘭迪，那個在啃法國麵包的小男孩，像不像一張美麗的明信片』，眞想不通他們怎麼會和優雅的英國人擁有相同血統。儘管美國人對印地安人連哄帶騙、又屠殺他們的做法，的確令大英祖國驕傲，可畢竟上梁不正下梁歪。看看我們英國人的暴行。我們侵略全世界，姦淫擄掠，把戰利品帶回艾塞克斯（Essex）。我也不例外。不然，你以爲我的家族哪來的錢？當然是某個曾曾叔父曾經攻占過緬甸。我們家裡還保留著他殺人的劍做爲紀念，劍上共有兩百一十七個刻痕，代表他砍過的人頭數。你可以感受到這東西有一股邪惡的陰氣。」

他再灌一口。

「在這樣的家庭長大並不容易。我父親，他是個很特別的人，每個禮拜天會帶我去騎馬，小賽門上馬馳騁，嚇得要死，心裡恨死了這隻在林中飛奔、隨時想要讓小賽門撞斷脖子的動物。我父親不是壞人，可是……好吧！是的，他是壞人。他把我隱藏多年，住過許多寄養家庭和私立學校，可愛的金髮男孩在這些地方總是會遇到一些不好的事情。戀童癖應該全部被關起來，扯掉衣服、綁住腳趾倒吊，然後剝光全身的皮。」

他就這樣講了足足一個小時，一個接著一個不相干的奇怪遭遇，最後終於讓我拼湊出這位瘋狂詩人的生平。他在一九四〇年代出生於倫敦，是一位英國軍官和年輕的蘇格蘭護士戰時的結晶。剛開始，他被取名為瑞克斯。他父親拋棄他，他成了姥姥不疼、舅舅不愛的小孩，和單親媽媽相依為命，被無數個寄養家庭和友人互踢皮球，從來沒有固定的落腳處，對任何事情都不確定。

經過幾年混亂的生活，他的父親終於向原配承認他的存在，並同意把這個私生子帶回他和原配的家。瑞克斯立刻更名為賽門，和其他事情比起來，改名字還算容易多了。新媽媽、新哥哥、新房子、新學校、新生活——在在讓一個已經備受折磨的心靈平添新困擾。在賽門的青少年時期，全家終於再也無法承受，於是他父親幫他在倫敦一家廣告公司找到工作，把他逐出家門。

賽門有文字方面的天賦，甚至還在全校寫詩比賽得名，所以這份工作很適合他。他嶄露頭角，在這個競爭激烈的行業裡成為明日之星。他同時又對六〇年代的倫敦太過狂熱，夜夜笙歌。有一次，他用希特勒的宣傳鏡頭來推銷德國啤酒：「一個種族、一個帝國、一種啤酒」（Ein Volk, Ein Reich, Ein Bier），導致丟了工作，於是很自然地從毒品使用者變成朋友圈中的毒品供應者。

他的小小事業迅速發展，可是當他享受著及膝毛皮大衣和賓士跑車時，也遭到起訴。雖然賽門倖免於牢獄之災，但這件事讓他堅信該是離開英國的時候了。於是，他前往法國，又去了西班牙，再回到法國，以教企業人士英文為生，並且在筆記本上創作一首又一首的詩句來平復腦中狂亂的漩渦，而且他總是沉溺於杯中物。

賽門五十歲的時候，酒精在他身上已經從樂趣、習慣變成疾病。他無所事事、身無分文地回到巴黎，朋友一個個離他遠去。有一天，他連住的地方都沒有了，於是他記起莎士比亞書店，書店老闆還曾經稱讚過他的詩作。他確信這只是權宜之計，到了二〇〇〇年一月，這個權宜之計已經持續了五年之久。

「我在這裡成功戒酒，你不知道這有多難。老傢伙對我眞的很好。」他由衷地說，提起喬治，我們都回到了當前的難題。

如果莎士比亞書店眞的是作家的庇護所，那麼眼前這位詩人顯然還沒有準備好重回現實世界。我沒有全力執行趕人的任務，心中有一種不夠忠心的罪惡感，可是我眞心覺得，喬治已經收留這個人那麼久，他絕不想採取克特大膽建議的手段，把這人的家當直接丟到馬路上。

我和賽門經過簡短討論，講好了該怎麼做。他故作鎭定地和我握手，送我到門口，並感謝我這趟驚喜的造訪。然後，就在他關門之前，他從門縫塞給我其中一個他先前在收拾的資料夾。裡面全部用漂亮的筆跡寫滿了詩句，空白處還輕輕畫著動物、樹木和小鳥追逐蝴蝶的圖案。

「如果你有興趣，可以讀讀看。」他眼簾低垂地說著。

我回到書店，把事情經過告訴路克，他只是搖搖頭。我最擔心的，還是喬治的反應。

13

波麗瑪古是一家燈光昏暗的地下酒吧，裡面擺著幾張破舊的橘色塑膠沙發和刮痕累累的木頭桌。牆上貼滿老法國電影海報，其中一張很像是拳王阿里的側影，還有一張海報是威廉・克萊[22]執導的法文電影《你是誰，波麗・瑪古？》，也是這家酒吧名稱的出處。後方是吧臺，一邊是排滿咖啡色酒瓶的架子，另一邊則是故障已久的公用電話。

據說這家酒吧見證巴黎歷史。七〇年代海洛因盛行的時候，老闆會在湯匙上鑽洞，以防吸毒者夾帶毒品；巴黎有許多地方讓歌手吉姆・莫里森流連忘返，而波麗瑪古酒吧是他住在附近旅館時最喜歡的喝酒場地，而且傳言這裡的酒保們常和許多知名法國女星上床。

今日的酒吧同樣令人印象深刻。它會一直營業到最後一位客人付費離去爲止，通常都是早上六、七點才會關門。城裡其他營業到那麼晚的地方，不是門票過高的舞廳，就是燈光太亮的餐廳，相較之下，波麗瑪古酒吧眞的是難能可貴。在晚上，酒吧門口常常擠滿客人，其他準備回家睡覺或看夜間電視節目的行人只能在人群中摩肩擦踵而過。儘管如此，酒吧卻保有一種親近感，一種我和這家店很熟的感覺。酒吧老闆毛荷總會在你進門時與你握手，用一種老大哥的態度照顧各式各樣的客人。在這裡即便凌晨三點，你還是可以和情人躲在角落慢慢啜飲，或者與朋友喝個不醉不歸。

波麗瑪古酒吧最棒的，至少對莎士比亞書店的住客來說，是它的地點。出了書店向左轉，上布雪西街走二十步，再轉往聖夏克街走四十八步就到了。地點實在太方便，因此常聽聞有書店住客穿著睡衣，趕在上床前去喝最後一杯。

這天晚上，大夥在波麗瑪古酒吧爲高楚人送行。他準備隔周離開巴黎，克特爲求保險起見，提早辦了這場慶祝會。三個月來，高楚人一直是莎士比亞書店裡菁英中的菁英，常客常會向他表示敬意。

一想到他對待我的方式，我寧願待在書店裡看書，但是阿布利米特和克特堅持要我一起來。我和賽門談過話後姍姍來遲，前桌已經聚集了一群人。高楚人坐在中間，面前擺了一瓶波本酒。他興奮地描述自己的經歷，黑眼珠閃著光芒，我這才發現他的綽號再適合他

22 威廉．克萊（William Klein, 1928-）美國知名攝影家、電影導演，一九六三年被世界攝影博覽會的國際評委推選其為攝影史上三十名最重要的攝影家。一九六六年他執導的第一部電影即《你是誰，波麗．瑪古？》（Qui êtes vous, Polly Maggoo?）。

不過了——「高楚人」，指的是南美牛仔，是住在社會邊緣、吃苦耐勞的人。

我站在克特旁邊，大口灌著啤酒。我已經知道，他對於展示身上的刺青一點都不害羞，但沒想到他大方的程度達到可以展示身體所有部分。他有運動家的體魄，只要稍微感到熱或不舒服，他就會開始脫衣服，這常讓周遭年輕男女非常亢奮。如今在波麗瑪古酒吧，他已經脫到只剩內衣了，還興奮地一一敬酒，向人討免費的酒來喝。他諂媚、嘟嘴、鞠躬，直到人們一一軟化，他們熱情的程度可以從請他喝的酒看出端倪：不情願的人會給他半杯啤酒，覺得他非常貼心的人會請他喝一整杯，至於那些被他滋潤了孤獨心靈的人，則會請他喝一杯威士忌。

在這荷爾蒙奇觀中，伊芙坐在對面，就是那個邀我參加茶會、讓我進入莎士比亞書店這個特別世界的女孩。她的兩頰原本就已經是粉紅色，如今在酒吧的熱氣中顯得更加紅潤，她只好用冰涼的杯子來舒緩她的紅暈。她聽到我已經成爲書店住客後，便緊擁抱我，正式歡迎我的加入。

她表示，書店是她的另一個家。她只有二十歲，來自德國中部，打算在巴黎工作一年。她精通三種語言，可以輕易在電話客服中心或任一家歐洲大企業找到工作。可是這座城市本身變成一大挑戰。她深覺巴黎冷淡、不友善，這讓她備感孤單，還好，發現了莎士比亞書店。

遇到喬治之後，一切都不一樣了。伊芙開始帶著食物來店裡看書，慢慢吸收書中各式各樣的人生。她還驕傲地告訴我，現在她已經升任爲茶水服務員。工作內容是，每周日來書店煮一大鍋茶，並分送茶點，讓客人滿意。結果，我並不是伊芙第一個邀請上樓喝茶的人，這份工作的另一個職責，就是不斷帶新面孔來參加茶會。

「我愛這家書店，我要竭盡所能的來幫忙。」她告訴我。接著，不勝酒力的她咯咯笑著、小聲地說：「我愛慕喬治。他是我所見過最偉大的人。」

當晚出席的，還有那個從波隆那來的義大利女人。她和我年紀相當，因爲婚姻破裂而來到巴黎。有朋友告訴她莎士比亞是迷失自己的絕佳去處，於是她決定迷失一陣子，喬治用一貫的熱情歡迎她住進來。

坐在最裡面的是阿布利米特。他正在大放厥詞，波麗瑪古酒吧像水一樣的啤酒讓他越喝越醉。他根本就是在天馬行空、胡言亂語。先是嘲弄整個西方文化，「我們在絲路上旅行時，你們都還是住在洞穴裡的猴子。」他大聲說著，「當中國已經發展高度文明，你們的祖先還拿著棍子打來打去。」沒多久，這個中國共產黨之子又完全忘了剛剛的批評，把拳頭打在桌子上，宣稱資本主義才是最尊重人性的哲學。喬治的新共產主義書店的子民們紛紛大聲抗議。

那晚在波麗瑪古酒吧，有義大利人、阿根廷人、德國人、中國人、美國人和英國人，一起在生命的榮耀中發光發熱，慶幸自己身在巴黎。在菸酒的浸淫之下，大夥談著想去哪裡玩、想拍什麼電影、想看什麼書。每個人眼中都閃爍著近乎夢想的光芒。

這是巴黎最大的優點：夢想像金錢一樣，可以衡量出虧損和盈餘。我的家鄉是官僚之都，是擁有深切渴望的人急於想要逃離的地方——逃到多倫多、蒙特婁，或者到紐約、洛杉磯、倫敦。出走的趨勢讓留下來的人口中越來越缺乏對生命充滿無限熱愛、對未來絕對樂觀的人。沒有人會夢想住在我的家鄉，就像兒時沒有人夢想要在軟體公司領死薪水一樣。

在巴黎這樣的地方，空氣中彌漫著像霧一般濃濃的夢想，飄盪在街道上、裊繞在咖啡廳的每張桌子。詩人和作家、模特兒和設計師、畫家和雕刻家、演員和導演、情人和逃避現實者，全都聚集在這個光明城市。那晚在波麗瑪古酒吧，長桌上灑滿了如清教徒找到聖殿般的狂喜。那一晚，在新朋友的熱情和莎士比亞書店的庇護之下，我也感受到了：希望是最美麗的藥方。

接近午夜，酒吧依舊人聲鼎沸，人們在街上嘔吐，就像血管噴出鮮血一樣。當波麗瑪古酒吧如此擁擠的時候，桌子和桌子之間已經沒有分界，人們就像玩大風吹一樣到處敬酒。如果有人起身去上廁所或準備回家，毛荷就會立刻再拉一個人坐下，因此，聚集在我們這一桌的人越來越多。

一整晚，高楚人周旋在一個又一個的吻別和詠嘆之間。賽門的抱怨還縈繞在我腦中，我用保留的態度觀察這一切，乾杯時也不怎麼起勁。此時，高楚人站起來一一向每個人敬酒，輪到我時，他走過來，露出得意的笑容，並在我身旁坐下來。

「也許你覺得我對你不友善，」他開口，「也許你覺得我是個渾蛋。我不在乎。我必須這樣才能保護喬治，你懂嗎？」

他把軟呢帽向上推一推，以便能更靠近我的臉。他的呼吸都是波本酒的味道。

「來吧！問我問題。每個人都有問題想問高楚人。你想不想知道有一次有人企圖把書店燒掉？或者，也許你想知道喬治曾經和安娜伊絲・寧上床的傳聞究竟是不是眞的？來吧！任何問題我都會回答。」

高楚人用這種方式表示自己寬宏大量，可是我不知道該問什麼。他顯然想要證明他有多了解莎士比亞書店，我並不想上鉤。我想到每位住客都在寫作，於是問高楚人有何作品。

「我的作品……」他看起來不知所措，不知該怎麼回答。於是，他伸手把克特的啤酒杯拿過來，先喝了一大口。

「大家都會問我關於喬治的事情……」他又遲疑了一下，然後壓低聲音繼續說道：「我持續寫信給一位住在布宜諾艾利斯的朋友，告訴他我的旅遊見聞。這些都是信件，不過，我朋友在出版社工作，認爲我也許可以把這些信件集結成冊……」他怯懦地搖頭。

「不過，我不是作家，我從來不會稱自己爲作家。」

說到這裡，他趕緊正式地自我介紹。他的名字是艾斯特班，高楚人的綽號是他在旅途中想出來的。他告訴我他有多尊敬喬治、也許有天他也會在阿根廷開家書店，就像莎士比亞書店一樣，可是不會有那麼多床位。

他就像是摘掉了面具，又變回原來那個叫做艾斯特班的旅人，而不是莎士比亞書店裡那個令人害怕的助手，高楚人。我倆的敵意在波麗瑪古酒吧潮濕的空氣中融化殆盡，不管是不是酒精神奇的魔力，我們舉杯慶祝我們的友誼。

時間已晚，有些人返回書店、幫路克關店，還有一些人繼續留下，希望能換得一夜好眠。酒吧裡依舊摩肩擦踵，又送上新一輪啤酒。接著，最後一班地鐵時間將至，就像清涼噴劑一樣把人群沖散。

在巴黎，地鐵只營業到午夜一點為止。對於那些住得比較遠的人來說，這眞是個痛苦的抉擇。你不是得提早結束歡樂時光、趕搭最後一班地鐵回家，就是縱情享樂，然後步行一大段路、搭乘昂貴的計程車、或者甘冒坐夜間巴士的風險。在我們這一桌，許多人不斷看著手錶，比較保守的人一一先行離開。

凌晨三點，一度擁擠的人群只剩小貓兩三隻。其中包括了那天在茶會問我有沒有香菸、擁有細緻香肩的美麗女士。她的名字是瑪璐許卡，她在她母親改嫁給一位富有的哥倫比亞油商前夕，搬到巴黎來。她在這裡上大學，但她最喜歡待在咖啡店和書店。她常常流連在波麗瑪古酒吧，為克特對她陰晴不定的態度傷透腦筋。她買了一杯威士忌請克特喝。

五點了，酒吧裡幾乎全空，只有幾位顧客在吧臺前喝著苦艾酒，後面沙發區還有兩個男人正在爲一個女人爭風吃醋。外面有個遛狗的人就著微曦往窗裡看。不知不覺中，我們這一桌最後只剩下我和艾斯特班。

此時我們只得離開。外頭的街燈照出濕滑的石頭路，聖母院上掛著一彎弦月，塞納河上浮著夢幻般的薄霧。我們覺得自己就是世界的中心，這也不能怪我們，因爲風景實在是太美了。

我們還不想結束這美好的一晚，於是繼續站在書店前方的廣場上，艾斯特班告訴我他爲什麼要離開。他在書店裡戀愛了，是如假包換的情感，他要和這個女人結婚。他們要搬到義大利，她已經找到住處等著他到來。

接著，在無預警的情況下，艾斯特班轉身拍我的手臂。「喬治是不是把我那把鑰匙交給你了？」

我拿出鑰匙放在他手上，心裡還納悶他是怎麼知道的。他用手指撥弄著鑰匙圈，然後找到了一個小小的陶製聖像。那是聖母瑪麗亞的雕像，一身紅袍襯著藍色背景。

「如果喬治知道我把雕像放在這裡，他一定會殺了我。他什麼宗教也不信。」艾斯特班用憂鬱的語調一一說明這六支鑰匙的用途，以及如何使用。說完後，嘆口氣，再把它們還給我。「我昨天才拿給喬治的……」

他又默默不語了。遠處已經傳來鳥鳴，桃色的光芒也昭告太陽即將升起。

「我想我走的是時候，」他終於開口，「現在還不晚，每個人都還喜歡高楚人。我會在他們心中留下美好的印象。你，既然喬治選了你，你不會有問題的。不過還是要小心，這地方會改變你。」

我終於無法抵抗越來越強的睡意，我實在是太累了，連站都站不好了，可是艾斯特班還不想離開。我只得留他一人在書店前，拿鑰匙開門走進去，讓門敞開著。

14

喬治一向變幻莫測，丟下凡人眼中的好工作機會，行腳到巴拿馬，和墨西哥流浪漢躲在火車下面搭便車，讓陌生人與他同住。而且，他還很喜歡消失不見。

最經典的例子，發生在一九四七年他剛到巴黎的時候。他在索邦大學修法國文明史，另外還考慮要念哲學，因爲他想出一種和性慾與死亡本能有關的個性理論。不過最讓他著迷的，還是巴黎的波希米亞文化。他徘徊在各個文學沙龍，同時交了許多女朋友，和俄國王子一起用餐，又應邀到郊外的城堡和歌盧絲卡女爵這樣的人物會面。喬治甚至開始用法文寫詩，例如其中一個作品叫作「午後的詩篇」，內容節錄如下：

淒風苦雨摧殘著
這愛情的花朵，女孩
與世訣別
在午後

這種狂亂的生活持續了好幾個月，這段期間他完全沒有和家人連絡。葛瑞絲．惠特曼著急不已，於是寫信給巴黎的美國大使館，請求他們尋找她兒子。大使館秘書調查後，回信表示，喬治「顯然身體健康」，而且已建議他「直接與您聯絡」。

高楚人歡送會隔天，喬治起床後就消失無蹤，即便我知道他這段歷史，還是感到不安。

「走了？」

「郵差送信來以後，他就走了。」阿布利米特回答。

時間是早上十一點，我們都因宿醉而無精打采，只有阿布利米特保持清醒、依舊維持努力用功的習慣。他從八點開始就待在圖書室，手上寫著字母F，面前敞開一本文法書。

「他看完信後，表情很奇怪，」阿布利米特繼續說：「他叫我們自己開店，不用等他。」

阿布利米特要我不用擔心。他說，喬治常常好幾天不見人影，有一次他甚至沒有告訴任何人，就跑去英國待了一個月。店員輪班工作，住客打掃書店，而阿布利米特會把營業所得藏在檔案夾裡。

「要住在這裡，就得忘記擔心。」他說完，就回頭繼續寫標點符號使用習題了。

營業時間一到，我們用推車把書搬到外面，並向第一批上門的顧客打招呼，喬治對人性善良的信任再度讓我驚訝。我們這群人根本算是陌生人，居然一起經營著名的莎士比亞書店。就我而言，我認識這個人只有四十八小時，可是口袋裡卻有他書店和臥房的鑰匙，長久在警方通訊和保全系統下打滾的我，覺得這樣的信任簡直就是愚笨到家。

書店開始營業，我來到收藏室。喬治最大的抱怨之一，就是賽門最近總是把門鎖起來，不讓顧客進來。我和賽門講好，我要改變這個情況，在收藏室待一個下午迎接顧客上門，賽門不可以干擾。

那天早上，賽門信守諾言，離開前把收藏室整理得很乾淨。我坐在書桌後面，開始覺得喬治不在讓我輕鬆不少。前一晚，我認爲我們應該給這詩人多一點時間，白天清醒後，這種感覺變成背叛。喬治收留我的唯一要求，就是趕走這詩人，而我卻沒有達成任務。即使鑰匙已經到手，和艾斯特班又成了好朋友，我還是很擔心最後被逐出去的反而是我。

至少，在收藏室工作不乏分心的機會，能讓我暫時忘卻煩惱。每幾分鐘就會有人上門，有個美國訪問學者來找索拉的原始譯本，一位鳥類學家詢問一本稀有的十七世紀捕鳥指南，一位迷路的澳洲物理學家想知道如何到萬神殿，他要向居禮夫婦致敬。這就像主持一場不間斷的脫口秀一樣，一個接著一個古怪的來賓都想要駐足聊上一陣子。我之前住在旅館和獨自漫步時孤獨了那麼久，如今對於這樣的社交熱潮樂此不疲。

不過，有一次我還眞遇到麻煩了。那天下午，有個穿著筆挺黑西裝和黑牛仔衫的男人走進收藏室。他的襯衫最上面的扣子敞開著、露出頸部刺青，從頸動脈延伸出一團火燄，中間是一顆鮮紅的心。他手上還拿著一根未點燃的香菸。

「請問一下，先生，」他用極度恭敬的態度說著，「你有沒有火？」

他用拇指彈了一下手上的銀色吉波打火機，表示沒有瓦斯了。他拿了我在書桌抽屜裡找到的火柴把香菸點燃，然後又非常有禮貌地謝謝我。

沒多久，有人敲打窗戶，原來是那個男人，他手上又拿了另一根香菸。他非常的彬彬有禮，所以當他問我能不能借本書，讓他坐在櫻桃樹下的板凳一面看一面抽菸，我不假思索就答應了。那男人選了一本蕭伯納在一九二〇年代出版的精裝書，並感激地與我握手，然後就走出門外。沒多久，我往外面看，那男人和那本書都已不見蹤影。

現在我可慌了。賽門的難題已經讓我夠煩惱了，現在我才第一天看管收藏室，居然就弄丟了一本珍貴的書。

我鎖上收藏室的時候，天早就黑了。白天我服務了幾十位訪客，回答遊客的問題，還賣掉了三本書。我覺得自己終於在團隊中有了貢獻。唯一可惜的，就是喬治沒能親眼看到我的努力。

我的肚子餓得咕嚕咕嚕叫，我上樓來到圖書室，看看阿布利米特和克特是否準備到學生餐廳。圖書室空無一人，於是我走到樓梯間，發現辦公室的門居然是開著的。喬治在裡面，他正伏案工作、專心地研究一張紙。我敲敲門，他立刻起身，並且迅速把那張紙壓在一疊發票下面。

「幹什麼？」他生氣地說。

我發現此時不宜提及賽門的事情，正想後退，但喬治不給我逃避的機會。

「我看到你剛剛在樓下。這表示，那詩人已經離開了嗎？」

「嗯，不算是。」我結結巴巴地說：「就快了，眞的就快了……」

喬治挑起眉毛，示意我繼續說下去。於是我向他描述我是如何監視賽門，然後在前一天晚上趁他關窗戶時，突然走進。喬治聽到這裡，不禁發笑。然後，我又口若懸河地說著接下來發生的事情，但又巧妙地避免提及他不斷服用的東西。最後我說，賽門知道他該離開書店，但他需要幾天的時間來湊錢。在這段時間內，我們一起使用收藏室，我負責白天打開收藏室讓顧客進門，並趁晚間寫點東西，而他可以進來睡覺，並且儘量不在書店裡出現。我溫吞地表達心中期望，盼喬治對此安排不要太過沮喪，然後靜候發落。

「他有沒有給你看他寫的詩？」喬治沉默許久，然後說道。

我白天待在收藏室接待來來去去的訪客，期間也看完了賽門給我的作品集。雖然我一向很少讀詩，但賽門的作品非常深奧，每首詩我至少都得讀兩遍，而且佩服不已。賽門的詩句鮮活生動，不斷在我腦中引起共鳴。

「哈！」我表示賽門把作品集給我看後，喬治突然大笑。「他在欺騙你。我知道你一定會跟那傢伙成為朋友。現在他已經用魔法迷住了你，我們永遠擺脫不了他了！」

喬治似乎並不因此感到失望，這讓我很吃驚。他反而開心地大笑，又把賽門當初來到書店的故事說了一遍。

「一個禮拜！他只要求在書店住一個禮拜，結果他待了五年。」

他向後靠著椅背，仔細地打量著我，然後拿出壓在發票下的那張紙站起身。

「你何不上樓跟我一起吃晚飯？」

15

自從上次的茶會後，這是我第一次進入這間公寓。沒有周日擁擠的人潮，現在這裡安靜多了。我們待在這個被書包圍的空間裡，感覺書店似乎不只三層樓那麼遠。

這間公寓一直做爲莎士比亞書店的休息寓所。喬治常常待在這裡，煮飯、閱讀舊信件、翻閱他的藏書。書店悠久的歷史全都反映在牆上裝框的相片內、《尤里西斯》和《北回歸線》初版書，和各式各樣的旅遊紀念品。喬治常常吹噓這間公寓擁有非常大的臥室，可俯瞰塞納河美景，還有源源不絕的偉大書籍，不出大門就能享受到的最棒的巴黎假期。

這間公寓也是喬治接待重要客人和密友的地方。艾倫·金斯堡每回來往印度前後都會下榻在此；勞倫斯·杜雷爾[23]昏天暗地的撰寫《亞歷山大四部曲》時，曾在這裡飲酒紓解；瑪歌·海明威前來探訪她祖父眼中的巴黎期間，曾在這裡打情罵俏。

後來我還了解到，喬治也在這間公寓度過了私生活中的黑暗歲月。

廚房裡的爐子堪稱超現實主義的代表作。長年不斷的使用，讓爐子表面光亮無比，開關上的數字和刻度已不復見。爐火只有強或弱兩種選擇，而烤箱只有烘培和燒烤兩種功能。喬治熟練地轉動幾個開關，沒多久平底鍋裡的絞肉和洋蔥便開始有了反應。另外還有一大鍋小火燉煮的馬鈴薯已經噗噗沸騰，喬治拿給我一根叉子，並詳細地告訴我如何搗碎馬鈴薯。

「肉泥派，」隨著鍋裡的肉嘶嘶作響，喬治用法文說道：「很簡單，但是非常好吃又營養。」

眼前的食物聞起來的確讓人胃口大開，可是廚房內的情況卻讓我有點失望。除了我在茶會那天看到的蟑螂乾屍之外，現在又多了幾隻活蟑螂在黏膩的玻璃瓶和空錫罐上爬來爬去。

「你不覺得這是個問題嗎？」我擔心地說道。

「呸！那不算什麼！」他語帶不屑地說，同時一面設法拍打馬鈴薯堆裡的一、兩隻蟑螂。「這些都是蛋白質，你懂不懂啊！你不喜歡蛋白質嗎？」

晚餐煮好了，喬治從冰箱裡拿出一大瓶啤酒。這也是在我之前去過的那家便宜商店買的，可是這一瓶是中國的牌子，「青島」。喬治看到我在看標籤，於是笑了。

「這是我最喜歡的牌子，可是它比較貴。」他說完便從櫃子裡拿出兩個玻璃杯。

這瓶啤酒的產地距離喬治之前待過的南京不遠，事實上，他對於中國的一切情有獨鍾。他父親在中國擔任訪問教授的那段期間是他兒時最快樂的時光；成年後，他又搭貨輪造訪這個國家幾次。後來，他成爲毛澤東政權的忠心支持者，現在喬治還會對大家宣揚上海將是未來的城市。一九六〇年代，甚至還有一批中國政府官員意外造訪書店。他們知道

23 勞倫斯・杜瑞爾（Lawrence Durrell, 1912-1990），生於印度的英國小說家、詩人、地形學家、散文劇作和滑稽短篇故事作家，著名作品為小說《亞歷山大四部曲》（The Alexandria Quartet）。

喬治的共產主義傾向，想邀請他到北京開一家分店。

「他們願意支付一切費用，可是我走不開，這裡太忙了。」他低聲抱怨著。

晚餐準備好，我們坐在桌前喝著啤酒。喬治拿來一塊奶油，切下一小片、隨著食物一起送入口中。廚房的衛生情況讓我吃得有點不安心，可是食物實在是太美味了，我很快又盛了第二盤。

喬治對於我對待賽門的方式反應還算溫和，我受到鼓勵，因此等到吃完晚餐、又準備喝第二瓶青島啤酒時，我斗膽告訴他那個來借火的人拿走了珍貴的蕭伯納精裝書的事情。喬治一樣沒有生氣，還覺得這件事很有趣。

「你知道這裡有多少書被偷走嗎？」他笑說：「如果我有能力，我願意把所有的書免費送人。」

喬治告訴我，書店開張的前五年，被偷走的書太多，他得自掏腰包才能維持下去。接著，到了六〇和七〇年代，竊盜集團橫掃左岸各大書店，他幾乎撐不下去。幾十年來，巴黎許許多多作家拿走莎士比亞書店圖書室裡免費供人參考的書籍，其中最惡劣的，就是葛雷哥萊·科索，他的騙術舉世聞名。勞倫斯·佛林蓋堤還記得有一次，科索在凌晨兩點打破了「城市之光」的窗戶，偷走收銀機裡所有的現金。佛林蓋堤有個絕不報警的原則，當他來到書店，發現警察已經在收銀機採到柯索的指紋，便搶先採取行動。在早上六點來到柯索的住處，把他搖醒，拿回被偷的錢，然後要這位可恥的詩人趕緊出城，因爲警方已經在追捕他。科索來到巴黎後惡行不改，他一再偷走莎士比亞書店裡的書，然後隔天再送上門，希望能把書賣回給喬治。

「最可悲的，就是多數的竊書賊並不閱讀他們偷來的書。」喬治抱怨，「他們只把書賣到其他書店，換得現金。」

儘管有些人根本就沒人性，但喬治還是抱著希望。他表示，幾年前有個美國人寄來一張一百元的旅行支票，以償付他二十年前來巴黎念書時，從書店裡偷走的書。

「這個拿走伯納蕭精裝書的傢伙，聽起來還不壞，至少他有開口詢問。」喬治說：「『竭力奉獻，取之當取』——我總是這樣勉勵別人。」

喬治要我日後留意這個人，設法更了解他，除此之外，不需要過度擔心。我們又開了一瓶中國啤酒，儘管我自認擁有加拿大人的好酒量，但我很快便發現我的酒力比不上這個比我年長六十歲的老者。

「你喝醉了，」喬治一面叫著一面又倒了兩杯，啤酒泡沫溢出杯外弄濕了桌子。「你眞該感到丟臉，平常日的晚上也會喝醉。」

也許我是醉了，也許我們兩個都醉了，因爲此時喬治拿出了口袋裡的信，放在桌上，推到我面前。

「我們有許多工作要做。」他眼中透露著狡黠的光芒。

信上寫著法文，看起來是房地產通知文件。我喝了那麼多啤酒，加上我的法文本來就不好，只能看出文件所指的地址是布雪西街三十七號。結果是有人想要出價買下莎士比亞書店。

喬治說明，買主是一位法國商人。他已經擁有布雪西街三十七號裡的數間公寓，如今想要買下整棟建築，改建成四星級旅館。這裡位於拉丁區中心，窗戶又面對聖母院，在這裡蓋旅館一定能大發利市。

這名計畫中的旅館大亨已經找過大樓裡的其他住戶，並同意用非常漂亮的價錢買下他們的公寓。唯一的障礙就是喬治，他也是這棟建築裡、最大物業的擁有者。他一再拒絕把書店賣給這男人，可是當天早上他收到對方的新條件，這一次還增加了法國房地產法中一向特別的規定做爲誘因：死後交屋。在這項規定之下，商人表示願意立刻付款，會等到喬治死亡後，才接收物業。

「情況不怎麼好，對不對？」喬治拿回信時說道：「我們可能會失去這家書店。」

事實上，我倒不覺得有什麼問題。只要喬治拒絕出售，何來麻煩之有？這商人總不會用搶的吧！所以不管條件有多好或法國房地產法怎麼規定，都沒有差別。書店很安全，不是嗎？

「你不了解，對不對？」喬治急著解釋，「如果我遭遇不測，我太太就會繼承這家書店，而她一定迫不及待把它賣掉。」

他的太太？

人們總是很快就願意與我分享秘密，這常讓我驚訝。我想，這是因爲我有聆聽的天分。一般人聽人說話的時候，心中總是在思索他該怎麼接話，或者盯著公車站前英俊的男人或漂亮的女人看，很少專心聆聽。身爲記者，最重要的就是設法讓對方打開話匣子；也就是說，要像保險箱竊賊聽著號碼鎖一樣專心的聆聽，從那些微小的喀嚓聲中發掘出珍貴的內容，然後就像拿著手術工具一樣，慎選問題，鼓勵對方說得更多。很顯然地，從喬治邀我到公寓裡共進晚餐的那一刻開始，他就有事想要跟我談，幾杯啤酒下肚，再加上我適時的鼓勵，他終於把煩惱告訴我。

他待在巴黎這麼多年，有一大堆年輕女性被他吸引。他英姿煥發，滿腦子浪漫理想，過著詩人般的生活，本身又是個翩翩美男子。他亦曾數度訂婚。一九四八年，他寫信給父母介紹他的未婚妻，喬賽特。信中提到，雖然她患有結核病，但他堅持把她娶回家，成爲他們的「新女兒……以及你們孫子的母親。」十年後，喬治又宣布婚約，這一次是一位叫做柯蕾特的女人，她在聖路易島經營畫廊。可是儘管他情史豐富，但直到他快滿七十歲，才第一次結婚。

一九八〇年代初期，一位年輕的英國女人來到莎士比亞書店。她漂亮、有創意、學識豐富，而且愛爭強好勝。有次她走路到書店途中，遇到一位暴露狂。她立刻伸腿一踢，正中對方暴露出的私處。

「不是每個人都會這麼做的。」喬治語帶敬佩地回憶道。

喬治立刻喜歡上她，於是這女人搬到書店樓上來住，並且負責書店裡文學雜誌的工作。雖然她二十八歲、他六十八歲，這段忘年之愛還是熱烈展開，最後兩人還終成眷屬。婚禮在市政府悄悄舉行，喬治的伴郎是位女性，就是他的前任未婚妻柯蕾特。也許是因為挑錯伴郎，為這段婚姻埋下陰影。

夫妻倆起初非常恩愛——遊遍澳洲、回美國探親、在巴黎約會。可是莎士比亞書店卻逐漸成為絆腳石。像旅店一般的書店生活，令人越來越無法忍受，喬治的太太討厭不斷有陌生人打擾，也厭惡千篇一律的生活方式。喬治說，她開始忌妒他對書店的熱愛，而且不懂他們為什麼不能擁有屬於自己的生活。

「當時我正在存錢，打算擴充圖書室，她卻想要我買一臺車。」他說：「一臺車！這說得通嗎？」

在喬治的世界裡，這當然說不通。他連垃圾袋都不屑購買，因為賺來的每一分錢都要用來實現他的莎士比亞書店之夢。夫妻關係需要互相容忍，可是喬治已經七十多歲，而且他一向不習慣妥協。一開始，他太太搬出書店，住進街角的旅館；後來乾脆搬離巴黎，兩人的互動僅剩下雙方律師的書信往來。

喬治婚後把書店三分之一的所有權歸到太太名下，如果他死亡，則整家書店自動歸她所有。她對這家書店那麼沒有好感，喬治說，她非常可能會把書店賣給出價最高的買家。就是因爲這樣，這位法商一直想要買下書店的舉動，才會讓他如此不安。如果他願意等到喬治離開人世，那麼，不管喬治生前是否拒絕，他都一定會如願買到書店的。

「你是說，莎士比亞書店最後會變成一家豪華飯店？」

喬治不發一語，只是落寞地點點頭。啤酒下肚的歡樂心情已經蒸發不見，現在他盯著牆上一張張的相片，他的老朋友勞倫斯·佛林蓋堤的照片、理查·萊特在書店櫃臺前的留影，還有一張正式的家庭合照。照片裡，喬治、一個女人和一個小孩站在莎士比亞書店前面。

16

我剛住進來的時候，莎士比亞書店似乎解決了我所有的問題。有了歇腳的地方，有時間思索我的下一步，把我自己的覺醒埋沒在各式各樣失落的人物當中。現在，我新找到的避難所似乎面臨危機，我懷著初來乍到的熱情，開始思考拯救書店的方式。

我認爲這件事應該很簡單。如果喬治所言不假，眞有四萬多人曾經寄宿過書店，那麼光是這一批人，陣容就夠堅強了。再加上每天都有無數遊客愛上這家書店、以及喬治自己爲數不少的名人朋友，我們絕對有本錢對抗這位旅館大亨，保住莎士比亞書店的未來。我們現在只需要一個適當的計畫。

當晚我躺在床上，很確定我的記者背景能夠幫得了忙。記者都知道民眾喜歡淒美的悲劇。如果情況夠可憐，民眾的反應就會非常強烈。有一次在我的家鄉，一個男人爲懲罰他的狗在屋前排便，因而把牠綁在小貨車後面，用高速拖著牠跑。狗的腳掌全被柏油擦傷，當我們報紙登出這隻狗四隻腳全被包紮起來的照片後，有幾百人爭相要收養牠。還有一次，有個單親媽媽獨立扶養的家庭不幸在聖誕夜慘遭祝融，所有的聖誕禮物全被燒毀，我們報社發起的募款活動非常成功，隔年聖誕，這一家人的鄰居居然假裝家裡失火，希望也能發一筆意外之財。

與喬治長談後的隔天早上，我滿腦子都還是各種運用輿論的手法，包括上歐普拉節目，以及發起國際電視宣傳活動，將莎士比亞書店納入法國歷史遺跡等等，於是我不假思索就拿鑰匙打開了收藏室的門。漫不經心之下，抬頭看見克特滿臉失望地向我跑過來，我突然一驚。

「你從哪裡得到鑰匙的？」他質問。

經過這兩天發生的事情，我已經忘記克特也想要得到這把鑰匙。我隨便搪塞著，可是他依舊氣得兩頰發紅。

「我不懂，」克特轉身說道：「難道喬治不喜歡我嗎？」

最後，我們在尷尬的沉默中開始準備開店。所有工作都完成後，克特表示要去喝杯咖啡。我感覺到這是彌補我們脆弱友誼的大好機會，於是暫時把我的歐普拉計畫放一邊，主動表示要請客。

這家氣氛歡樂的咖啡廳叫做潘尼斯，離書店只有一百英里左右，就在全巴黎第二老樹所在的市立公園另一邊。裡面的服務生全都西裝筆挺，情侶們並肩坐在前方排列整齊的餐桌前，當日菜單會在每天開張時用粉筆寫在餐廳黑板上。簡言之，這裡有著巴黎餐廳一切偉大的傳統。

除了氣氛之外，主要也是因爲這家餐廳距離書店很近，所以成爲莎士比亞書店住客們的最愛。早上在店裡忙完後，大家會穿越公園來到這裡喝杯咖啡，一整天總會來好幾次。若沒有在潘尼斯吧臺前看到喬治的客人在這裡閱讀或寫作，那才難得呢！

潘尼斯也像書店一樣有成名之累。從餐廳看出去，壯觀的聖母院一覽無遺，也因如此，各地遊客都喜歡來此朝聖。每天總有大批人群拿著照相機和旅遊指南，詢問相同的菜單問題，開著玻璃瓶裝可樂貴得要死的玩笑。在這樣的混亂狀況下，潘尼斯裡的服務生難免會特別照顧常客。

常客大致可以分爲兩大族群。第一族群是在聖母院前和塞納河邊作畫的街頭藝術家。

他們多半是不得志的中年男人，當初夢想在巴黎畫出大作，如今卻只能靠著幫情侶和小孩畫素描，每張收取五十法郎維生。他們多半愁容滿面——下雨時，他們會湧入餐廳抱怨天氣；沒下雨時，他們也湧入餐廳抱怨遊客有多吝嗇；至於風和日麗、生意特別好的時候，也會湧入餐廳喝個爛醉，然後開始辱罵服務生。

服務生比較喜歡第二族群，這也就不令人太意外了。雖然莎士比亞書店裡的住客不常洗澡，而且光點杯咖啡就會坐上好幾個小時，但至少他們都待得很高興。那天早上克特走進店裡，可以明顯看出他是特別受歡迎的客人。端著煎蛋的雜役向他打招呼，一位頭剃得光亮的服務生還特別為他開門，向我們問安。

「克特先生，今天好嗎？」

克特擺了個年輕海明威的姿勢，隨口提了他在寫作上遇到的一些事情，受到對方同情地點頭致意。來到吧臺，服務員走過來與他握手，還客氣地稱呼我為「克特先生的朋友」。就連一隻年邁的德國牧羊犬也緩慢地站起身，走過來讓克特抓抓牠的耳朵。

「那是阿莫斯。」店狗滿足地在他的腳前趴下後，克特對我說道。

店裡熱情的歡迎讓克特精神為之一振，於是開始傳授我餐廳生活秘訣。最基本的原則是坐在吧臺，才能逃過法國餐廳的雙層收費系統。如果你坐到餐廳的位置，那麼一杯最基本的濃縮咖啡得花費十五或二十法郎。像是「雙叟咖啡」或「花神咖啡」等知名咖啡廳，光是坐下來喝杯咖啡，可能就要花上二十五法郎。可是如果你是站在吧臺前，通常只需付菜單價格的一半。以潘尼斯來說，在座位區喝咖啡要花十五法郎，在吧臺前喝只要五點五法郎。

既然價格那麼吸引人，那麼第二課就是如何搶到吧臺座位。潘尼斯的吧臺前有四張高腳椅，你可以舒服地坐在這裡喝咖啡。如果你搶不到，就得站著喝，這樣一來，待在咖啡館裡就沒什麼意思了。這些高腳椅一直都是書店住客和街頭藝術家相互爭奪的東西，一定要眼明手快才能搶到座位，而且態度要強硬，才能一直坐在上面。

不過，目前爲止我學到的最重要的事情，就是樓下的廁所。廁所裡乾淨寬敞，有兩個擦得發亮的瓷製小便池和一間非常舒服的馬桶隔間，還有一個很大的洗手臺，各有一個熱水和冷水的水龍頭，一面寬鏡、肥皂、毛巾，甚至還有熱風烘乾機。上午客人較少的時候，可以來這裡擦擦重點部位、洗臉、刮鬍子、吹乾，不會有其他顧客打擾。莎士比亞書店只有一間公廁，而且沒有淋浴設備，相較之下，潘尼斯咖啡廳眞是個早晨淋浴的好去處。

不僅如此，那位自我介紹叫作尼寇的光頭服務生甚至還拿早餐留下來的可頌麵包請我們吃。「你不吃，我們就會把它們丟到垃圾桶。」我一再感謝，他最後這麼說。

我們愉快地待了一個小時，並且充分地利用了餐廳廁所，後來吃午餐的客人陸續上門，我們只得離開座位。克特對於早上的事情似乎已經釋懷，我們喝完咖啡後更證明他的確如此。

「喬治知道我個性不羈，」我們回到書店後，他這麼說：「我顯然不是託付這把鑰匙的好對象。沒關係，誰想要攬責任？」

我一整天都在設法讓喬治聆聽我的意見。歐普拉、媒體宣傳、募款活動、歷史傳承地位，還有上千個有用的構想持續在我腦中盤旋。可是每次我接近他，他就揮手打發我走，說他有其他事情要處理，態度就像是前一晚我們根本沒有討論過書店的問題一樣。

我既困惑又疲累，等到路克來上班，我就在櫃臺前老舊的綠色鐵椅坐下。我坐下的時候，路克正在包裝一本關於衣索比亞爵士樂歷史的書，顧客是位古巴音樂家，他來巴黎進行一個禮拜的公演，而剛好路克當時對古巴特別有興趣。他曾經遊遍第三世界，對於全球財富分配不均提出相當中肯的質疑。而他現在的老闆，喬治，更曾經在卡斯楚革命後，從哈瓦納步行到聖地牙哥，因此他每天對於古巴社會主義的種種好處耳濡目染。路克生性謹慎，不輕信任何事情，但他認為古巴是值得待上一、兩個月的地方。

「我想親自去看看，」他解釋道：「應該還會有更好的事情。」

音樂家持續暢談哈瓦納的文化奇觀和一般人對卡斯楚政權的矛盾心理，最後終於離開，我才有機會一吐心中憂慮。

「呃，路克……」

「你在煩什麼，老兄？」

我一口氣把所有事情都告訴他。那法國商人、豪華旅館、喬治的前妻……這一切的一切都是那麼的不眞實。

「事實上，聽起來沒什麼，」路克的反應出奇的冷靜。「這裡每一個人都在問相同的問題，『喬治死後會怎麼樣？』」

據路克在這裡工作的所見所聞，書店不但沒有任何形式的保護措施，而且喬治還拒絕爲未來採取任何實際手段。路克說，喬治的計畫從極度樂觀到荒唐可笑都有。目前爲止，最荒謬的計畫就是他曾經打算把莎士比亞書店捐給億萬慈善家喬治．索羅斯。

喬治一向景仰索羅斯發起的社會運動，他的照片也和杭士基[24]與曼朱[25]等人的照片一樣，掛在書店後方的英雄榜上。雖然兩人從未討論過這樣的安排——事實上，兩人根本沒見過面——但喬治堅信索羅斯會喜歡這樣的書店，並且會保護它不被旅館大亨奪走。

大約一年前，喬治曾寄了一份非常感人的檔案，正式向索羅斯基金會表達捐贈意願。「他有錢又有想像力（這是在這裡發展事業的兩大要素），一般人多半難以兼具。」喬治

24 諾姆．杭士基（Avram Noam Chomsky, 1928-），美國著名語言學家、哲學家、政治學家。

25 曼朱（Rigoberto Menchu Tum, 1959-），瓜地馬拉人，一九九二年獲得諾貝爾和平獎，並於二〇一一年九月參選瓜國總統。

當時寫道。可是在對方有任何回音之前，出現了更實際的聲音，他因此改變心意，認爲不應該將自己的畢生心血拱手送給一個陌生人。

「你看看，從正常的角度來看，這似乎是很簡單的問題，」路克下定論，「可是人們忘了我們面對的是喬治。他並不是你常見到的正常人。」

I7

莎士比亞書店自詡爲社會主義理想國，但還是逃不了資本主義世界的壓力。除了有旅館大亨的覬覦之外，住客全部經濟拮据，我們煩惱著該如何度過灰暗的巴黎冬季。

我們這群人當中，賽門的壓力最大。除了喬治以外，其他住在書店裡的人都不到三十五歲。我們這些年輕的住客雖然貧窮潦倒，但還可以把它視爲是年輕的試煉。內心深處，我們都明白我們隨時可以回到現實世界，重新成爲薪水階級。

可是賽門最近才過了五十六歲生日，在這種年紀，財務困境變得更難以承受。看著這位詩人每晚糜爛地待在收藏室，很難相信他還能夠自力更生。賽門對於自己的境況絕望無比，他最近居然請他那些要前往印度的朋友幫他爲恆河上的一間印度寺廟捐獻，讓他的靈魂不再復活、不用再輪迴到世間受苦。

我把我和喬治的討論結果告訴賽門，要他不用擔心會立刻被趕出去，可是於事無補，他還是身無分文、無處可去，而且還隨時會失去他唯一知道的家園。

工作是最簡單的解答，可是賽門沒有固定的工作已經十年了。這中間他偶爾會幫旅遊景點餐廳翻譯菜單，以及幫在藥廠工作的友人做些簡單的編輯工作，但收入難以讓他溫飽、滿足他多元的嗜好。這詩人也知道，即使他狀況再好，雇主也多半不願意雇用他這樣年齡的人，而且賽門很少有狀況好的時候。在酗酒和入住書店人民公社的期間，這詩人已經和狼人沒有兩樣，永遠無法再融入社會。

從賽門對未來的幻想就可以看出這一點。當他思索離開莎士比亞書店的籌錢方式時，第一個想到的，就是賣掉他的詩集。一家叫做梭爾門的愛爾蘭出版公司對他的手稿很有興趣，而賽門滿懷信心可以先預支版稅。

「我可能在春天以前就能夠拿到支票了。」他雙眼中滿希望地說。

可是，我們都知道這是最吃力不討好的事情。現代詩集很難成爲暢銷書，就算這本書眞的出版，也不可能爲賽門賺進幾千法郎，搞不好連聖夏克街上的麥迪西旅館都住不了幾天，更別提展開新生活了。

比較實際的工作是翻譯。賽門待在書店的這幾年，在文壇上也小有名氣，最近還幫一家加州出版社翻譯了瑟林的劇作《教堂》。他現在的目標是獲得克勞德·西蒙最新小說的翻譯合約，西蒙不但是諾貝爾文學獎得主，也是法國新小說派先驅。賽門已經翻譯過他幾篇短篇小說，而這本新作品可望有兩萬八千法郎的進帳，相當於四千美元，這在書店裡已經算是天文數字了。

「也許到時候我可以找個公寓，終於可以安眠，不用再擔心老傢伙會像黑暗天使一樣下樓，把我丟出我的陋室。」有一晚我們一起關閉收藏室時，賽門這麼說。

至於莎士比亞書店其他窮困的住客，則多半沒有在法國工作的身分。阿布利米特拿的是非工作特別簽證，而我和克特則是三個月免簽證的北美居民，可是我們不能長期住在同一個地址，更別提要找到工作了。在新歐盟勞工法的規定下，那位義大利女人可以工作，但她無意長久留在巴黎，甚至已經開始計畫要回波隆那了。

阿布利米特是我們當中最勤勞的，他在樓上圖書室教中文，可是收入還不足以支付每天上學生餐廳、加上每個月到洗衣店洗衣服一次。克特如今只靠信用卡過活，而我，那晚在波麗瑪古酒吧狂歡後，手頭也已經非常緊了。

還好，我們的財務困境還是有舒緩的時候。很久以前，喬治在書店大廳鑿了一口許願井，爲需要的人蒐集資金。每天都有無數異想天開的遊客將井裡堆滿硬幣，書店也開放讓附近遊民進來撿硬幣去買麵包和啤酒裹腹。書店住客也充分利用這些資金，如果你不介意從水中撈出骯髒的硬幣，總是可以蒐集到足夠的錢去買一根法國麵包和一盒布里起司。

如果井裡的錢被撈光，我和克特說好，我們可以上街乞討。我們發現聖母院前面有三個羅馬女孩常常集體行動，在人群裡要錢。他們手拿一張紙板，上面用多國語言寫著她們來自難民營，並且還利用一個嬰兒博取同情。女孩們抱著襁褓中的嬰兒，在教堂前輪流站崗。有天早上，我和克特看到她們坐在莎士比亞書店前面的板凳上，數著一大堆五元、十元法郎的硬幣。看到她們收穫如此豐厚，相信我們也可以做得到。

這只是我們互相開的玩笑之一，不可能付諸行動的。我手上只剩下幾百法郎，就算我省著用，最多只能再撐幾個禮拜。我得想辦法。

我在巴黎的第一份工作是書店的一位常客介紹的。尼克是個小有成就的混混，常看到他鬼鬼祟祟地埋伏在街角。他總是把褐髮綁成馬尾，並且固定在四點到八點之間出入莎士比亞書店。這段時間剛好輪到那位可愛的英國女演員蘇菲值班。我第一次看到他時，他正賴在那張綠鐵椅上，企圖說服蘇菲介紹他拍電影。

尼克生長於南斯拉夫，父親是阿爾巴尼亞人，母親則是塞爾維亞人。當巴爾幹半島情勢越來越緊張，父母對他也越來越凶惡。他青少年時期就是個叛逆人物，喜歡穿著深色的風衣，把頭髮染黑，特殊場合還會擦指甲油。一九九一年十月，他在貝爾格勒參加了一整晚的派對，一身叛逆打扮回家，發現有四名士兵在家門口等他，就這樣，他加入了軍隊。

尼克之前已經受過一年的基本軍事訓練，上級認爲他可以直接上戰場，於是爲他理髮，在他的指甲塗松節油。就在那場派對過後幾天，尼克和十幾位一樣年輕的士兵在田野行軍，準備攻打克羅埃西亞村莊。不幸的是，敵軍為保護村莊，早在山頂上架設了機槍，尼克還記得當時他正在看報紙，機槍手突然開槍，子彈瞄準士兵們，大家在田野中四處竄逃。接下來，他只看到身邊的男孩在爆炸中只剩屍塊鮮血，另外有三名士兵在尖叫聲中倒臥在地。其他生還者趕緊逃回營區，隔天，氣憤的隊長叫囂咒罵，揚言報復。

尼克心想，這種槍管下的生活也許不適合他，於是他詢問指揮官是否可以改派其他工作給他。隔天早上，他和另一位膽敢抱怨的士兵一起被送到足球場，執行一項特別任務。原來球場內被埋設了地雷，只要碰觸到金屬就會引爆。上級要兩人手持塑膠叉子，就是速食餐廳用的那一種，然後爬行全場，輕輕地用叉子挖出全部的地雷。

兩人汗流浹背地工作了一個小時，此時，有輛卡車轟隆隆地駛近，兩個心中充滿恐懼的年輕人相視無言。卡車司機並不相信上級同意他們離開，於是要求兩人把身上的來福槍和制服丟到樹叢裡，然後才答應載他們回貝爾格勒。

沒多久，尼克就離開南斯拉夫。他沒有工作許可，甚至連正式的難民身分都沒有，於是只有一個選擇：流落街頭。他先是在倫敦販賣違法錄音帶和錄影帶，然後來到巴黎，經營所謂的編髮攤位，在街邊用毯子擺設廉價俗氣的髮飾來販賣，等到我認識他的時候，他的賺錢方式是詐騙那一家很難發音的百貨公司，FNAC。

這份工作最棒的部分，就是它根本不算違法。巴黎大約有五、六間FNAC暢貨中心，儘管每家分店販售的產品都一樣，但他們並沒有中央電腦或訂價系統。也就是說，某家分店的促銷花車上一片二十五法郎的音樂CD，在另一家分店可能還是以原價出售。尼克發現這個漏洞後，曾花了一整天的時間在促銷區裡搜刮便宜CD，然後到另一家分店退貨，以賺取價差。他所要做的，只是把促銷貼紙撕掉，露出下面的原價標籤，然後利用FNAC任一分店皆可退貨的政策，把CD拿到另一家分店，向店員表示這是他不喜歡的生日禮物，就可以了。

他這麼做已經有好幾個月了，進帳高達幾千法郎。唯一的問題是，所有店員都已經認識他，因此他才會把這份工作轉包給像我這樣的人。我答應為他工作的那天下午，我們從書店走到蒙帕納斯的FNAC暢貨中心，他把一包四片裝的CD拿給我，上面的標價是四百六十法郎。

「無論如何，一定要保持冷靜。你可不能搞砸。」他說。

儘管尼克儘量想讓我安心，可是他卻覺得在外面等候時，得戴著一副大太陽眼鏡，這讓我很不自在。

這些CD是強尼．哈里代[26]的精選輯，他的音樂在一九六〇年代很受歡迎，但現在卻

26 強尼．哈里代（Johnny Hallyday, 1943- ），法國著名搖滾樂歌手。

顯得過度做作，有點像賭城貓王的法文版。我告訴退貨櫃臺的年輕女人，這是我收到的禮物，但我不喜歡這類音樂，她體貼地點頭表示認同。她寫了一張退款單給我，我拿來換了一張面額五十法郎的長途電話卡，然後拿著四百一十元法郎的現金離開了店裡。尼克讓我留下電話卡和一百法郎。就這樣，我做了離開報社後的第一份工作。

只可惜，迅速致富好景不常，尼克告訴我，我不能太常爲他工作。「你的長相，你的長相很特別，」尼克說，並指著我高挺的鼻子和及肩的紅髮。「那些店員一定會記得你的。」

不過，在這樣急需節省的情況下，最理想的就是待在喬治身邊。

喬治曾經周遊世界，隨身行李只有一件換洗襯衫和一本平裝書，他早就學會如何節儉過活。他在大蕭條期間搭火車旅行時，會幫人整理花園來換得一頓飽餐，或者乾脆在市區廣場乞討，只求足夠買到一罐八毛錢的豆子來吃。「其他人會一直待著要錢，等到口袋裝滿硬幣爲止。」喬治回憶道：「我只要有豆子吃就滿足了。夫復何求呢？」然後喬治到船上工作，部分原因是因爲船票太貴。「我朋友花了兩百美元搭船到歐洲，而我也搭上同一條船，而且下船時口袋還多了兩百美元。」

喬治開書店後，這些節儉經驗更形重要。他用手洗衣服，只吃最基本的食物，而且儘量不上餐廳和電影院。在這種生活方式之下，他不但能靠著書店的微薄進帳過活，提供伙食，還能存下足夠的錢來擴張書店。

喬治過了七十年縮衣節食的生活，已經能把一塊錢發揮到無限大的用處。麵包永遠不嫌腐壞，起司永遠不嫌發黴。有一次我在清洗醃黃瓜的玻璃罐時，把剩下的湯汁倒掉，還被斥責一頓。「那是人間美味！我可以拿它來煮湯。我以前很喜歡把醃黃瓜汁直接拿來喝。」喬治大罵，「你以為你是誰？洛克斐勒家族嗎？」

從他身上每時每刻都可以學到節儉的美德。他會長途跋涉，只為買到便宜幾塊錢的青椒；到折扣商店買最基本夠用的日用品；衣櫃裡的衣服全都來自於教會的二手貨拍賣。廚房裡同一張鋁箔紙可以一再使用，直到它發黑、破爛為止，而茶葉則是大批買進，因為這樣要比零售包裝便宜得多。

喬治謹守節儉之道，不但讓莎士比亞書店得以維持下去，也讓他能夠免費供人吃住達半個世紀之久。喬治明白，金錢是奴役人們的最大禍首。他相信，只要降低對它的依賴，就可以脫離這世界的桎梏。

「大家都說他們工作過頭，是因為需要更多的錢。」喬治告訴我，「意義何在呢？何不把生活需求降到最低，多花點時間陪陪家人，閱讀托爾斯泰，或經營書店呢？這根本沒有道理。」

耳濡目染之下，我也能靠幾塊錢過一整天，不過喬治認為我還有努力的空間。我在清理廚房時，他看到我把一小塊麵包皮丟掉，這原本可以拿來一起煮湯。接著，我最大的惡行是他注意到我把一個沾了油汙的塑膠袋丟到垃圾桶裡。

「你在做什麼？」他說，並把雙手放在頭上表示失望。「我們要把塑膠袋留起來給顧客使用。把它洗乾淨，不要丟掉。你什麼時候才能學會？」

就快了，我告訴喬治。日復一日，我慢慢開始了解。

18

窗外漸露曙光，我在半夢半醒間好像夢到了秘密警察、外星人，甚至死後世界那條眾所周知的隧道。接著，傳來一陣熟悉的笑聲，我這才驚醒，又是待在莎士比亞書店的另一個早晨。

「鬆餅！上樓來吃鬆餅！」

我睜開眼睛，看到喬治高舉著手電筒站在我身邊，臉上還露出淘氣的笑容。他眼看叫醒我的任務達成，便跑到艾斯特班之前睡覺的圖書室，用相同方式叫醒克特。我在故事間摸黑找到衣服，不知所以。

「瞌睡蟲！」我和克特來到三樓公寓時，阿布利米特大聲說道：「你們終於起床啦！

過來，來吃鬆餅！」

這是書店另一個偉大的傳統。四十多年來，每個周日早晨，喬治都會做鬆餅早餐給住客們吃，以確保一個禮拜至少能正常用餐一次。果然，自從在波麗瑪古酒吧那個晚上，這是第一次我看到全員到齊。唯一缺席的是賽門，他們不滿地告訴我，這些年來賽門根本不屑為了鬆餅早餐而提早起床。

穿著法蘭絨睡衣和拖鞋的喬治正在廚房和麵糊。爐子上已經煎著滿滿一鍋的鬆餅，流理臺上還有一壺剛煮好的咖啡。在法國，優格是裝在玻璃罐裡，一般人吃完後多半把罐子丟掉。喬治很會利用這些玻璃罐，從迴紋針到草莓冰淇淋，什麼都可以裝，而我們現在則是雙手捧著罐子，享受晨間咖啡的熱氣。

我坐在那義大利女人的旁邊，她正在告訴阿布利米特，為什麼喬治特別喜歡波隆那來的客人。那裡不僅有著全歐洲最古老的大學，她說，還是義大利共產黨的大本營。阿布利米特正想開口討論政治問題，不過義大利女人卻唱起歌來，是那首令人精神振奮的「哈囉！美女」，喬治則在廚房裡用鍋子一起打拍子。

歌唱完，喬治走出來把鬆餅盛進盤子裡。鬆餅呈現樹薯的顏色，而且凹凸不平。配鬆餅吃的是金屬罐裝的楓糖，但不是那種來自楓樹的楓糖。為了節省，喬治用水稀釋楓糖，並舀了一匙在我的盤子裡，要我趁熱吃。

我用叉子叉著鬆餅，努力提振食慾。我早餐一向吃的不多，而且撇開傳統不談，眼前的食物又不怎麼吸引人。義大利女人像是解剖青蛙一樣地把鬆餅切開，克特則暗中用手肘頂我。「可能會很噁心，」他小聲說：「有時候喬治會用放了一個月的麵糊。」

我咬了一口，味道還不壞，只是和我以前吃過的鬆餅非常不一樣。楓糖甜得令人倒胃口，麵糊裡的鹽沒有和開，而且還有麵糊的味道和黏稠感。可是我逼著自己吃完一整個鬆餅。阿布利米特開心地吃了第二個，然後第三個。

「我們過著國王般的生活！」他叫著，喬治最後也端著自己的鬆餅和我們一起坐在桌前。儘管食物的新鮮度令人質疑，但我想沒有人會不同意他的話。

周日是莎士比亞書店最忙的一天，喬治要住客們趁客人上門前徹底地打掃環境。克特受命用吸塵器清掃所有樓層，阿布利米特的工作是清洗窗戶，義大利女人則負責把書架上的書排放整齊。我被要求洗刷店門口的地磚，這也是喬治最重視的工作。他堅稱，五十多年來，除了他以外，還沒有其他人能把這份工作做好。

「你得跪著雙膝刷洗，用力的刷。」說完，拿給我一個小桶、一個破舊的鋼絲刷，以及一小罐擦洗粉。

這眞是個有挑戰性的任務，因爲經過一個禮拜的累積，地板早已污穢不堪，再加上原本鐵鏽色和奶油色的地磚因爲年代久遠，都變成近似灰色。而且鐵刷上的毛已經掉得差不多了，用力刷只會讓鐵絲更加彎曲。可是我還是汗流浹背地工作了半個小時，這輩子從來不曾像現在一樣努力清洗。我喜好競爭的天性讓我急於取悅喬治，一心想要做得比他更好。當我洗刷完成，雖然地板稱不上光亮，但我有信心不會有人做得比我更好了。

「你來看！」喬治檢查我的工作成果時不滿地說。他指著收銀臺下方的角落有一小塊灰塵，於是自己跪下來把它刷乾淨，然後再站起來。

「哈！你們這些人根本不知道怎麼做事情。」然後一面發著牢騷一面繼續他的檢查工作。

書店營業後，我照例進入收藏室坐鎮。當我打開門，居然看到賽門還在床上睡大覺。

「我睡過頭了？」我告訴他喬治已經來到隔壁的櫃臺後，他呻吟著說。

他說話含糊不清，而且似乎四肢無法協調，我擔心他會來不及在被發現之前更衣離開。然而賽門早已有所準備。每天晚上回到書店之前，一定會到潘尼斯買杯濃縮咖啡帶走。他會把咖啡放在床邊伸手可及之處，以便讓他一早能立刻清醒。

我看著這詩人一口氣喝光一整杯冰涼的咖啡，就像大力水手吃了菠菜一樣，立刻站起身、套上衣服。在這段不受書店歡迎的日子裡，賽門跑遍了城裡各大圖書館和博物館，只要是溫暖、能安靜閱讀的地方，他都待過。他戴上帽子，告訴我他要去龐畢度中心的圖書館。

「我一點都不羨慕你。」他匆忙離去時說道：「周日簡直忙翻了。人群一大批一大批的湧入。」

的確，那天收藏室萬頭鑽動，我第一次體會到爲什麼那詩人有時喜歡把自己鎖在裡面。大門不斷被推開，冷空氣一再吹入，還有一個接著一個荒謬奇怪的問題。「莎士比亞眞的住過這裡嗎？」有個資訊錯誤的顧客甚至這樣問道。

這中間喬治進來過一次，向我介紹一位男士，說他是《巴黎評論》的編輯，還說他也曾經住過這裡。那男士跟我打了招呼，喬治便留他在這裡翻閱書籍。幾分鐘後，克特拿著幾張用打字機打好的稿子走進來。

「那個《巴黎評論》來的人在這裡嗎？」他問道。我意會到有事即將發生，於是保持緘默，希望我擔心的事情不會發生，可是沒有用。收藏室裡只有兩個人，克特問了離他最近的那一位。

「你是那位編輯嗎？」

那個人是個德國遊客，他害怕地搖搖頭，而眞正的編輯則退縮到更遠的角落。克特就像老鷹獵捕跛腳的兔子一樣，急撲向前。

「我要你出版這個。」他把《錄影帶英雄》部分手稿塞到編輯手中。

編輯臉色發白，並說他手邊有太多自我推薦的稿子，不過他會找時間讀讀看。克特感激地不斷拍打他的背，接著，編輯迅速逃離。我不禁納悶克特是否覺得自己太過冒昧。

「不然我怎麼會有休息的機會呢？」他打趣的說。

我留守收藏室的辛苦終於獲得報償：一個叫做蓋兒的亮麗女孩手上拿著一籃剛出爐的

麵包出現在門口。大家都知道書店住客個個貧窮如洗，所以常常有人拿著剩下的法國麵包，甚或一整袋食物放在櫃臺。我們都期待蓋兒拿食物來。她是紐西蘭大使館裡的廚師，她烘培的麵包簡直是藝術品。

另外一個令人高興的意外，是我見到了蓋兒的男朋友。他坐在櫻桃樹下的長椅一面抽著香菸，一面讀著一本關於鬥牛的書。

談到鬥牛，各方意見分歧。有人認爲這是人獸互鬥的偉大運動；有人則認爲逗弄、折磨和戮殺動物來取悅文明大眾是非常殘忍的行爲。很少有人保持中立態度。

西班牙或墨西哥常見的典型鬥牛分爲三大部分。第一階段是設法激怒公牛，鬥牛士騎著馬繞著公牛打轉，將綁著紅色絲帶的長矛刺進牠的頸部。第一階段結束時，公牛已經血流如注，把紅色絲帶染得更紅了。第二階段也是大家最熟悉的場景，鬥牛士揮舞著披風慫恿公牛對他攻擊，然後迅速閃到一旁，讓公牛撲空。等到公牛筋疲力盡，便展開最後階段。此時，鬥牛士來到公牛身旁，與牠四目相對，猛然把利劍刺進這可憐動物的肩膀。然後，鬥牛士鞠躬接受觀眾致敬，公牛則被騾夫拖出場外，屍體所經之處，在競技場內留下一條長長的血跡。

短暫交談後，顯然蓋兒的男友湯姆非常欣賞這種人獸互鬥的運動。

唯一讓我樂在其中的職業鬥牛、是我在葡萄牙看過的那一場。它讓我第一次覺得，去掉了殺戮，這項運動有多精采。在那裡，前兩個階段是一樣的，最後一階段卻是我見過最吸引人的場面。

鬥牛士一離開競技場，就上來十三位穿著白色服裝的男子，面對著被激怒的公牛。除了帶頭的男子頭戴紅帽之外，其他男子都帶著白帽，大家在公牛對面排成一排，蛇行也似地慢慢逼近。當公牛發動攻擊，戴紅帽的男子便跳到牠頭上，企圖站在牠兩隻角之間以阻礙牠的視線。接著，隊伍中的第二名男子跑到公牛後方扯住牠的尾巴、阻隔牠前進的力道，而其他十一名男子聯合把牠壓倒在地。只要公牛膝蓋著地，就算征服成功。爲了慰勞公牛的辛苦，此時會放入一群可愛的母牛，讓公牛嗅牠們的生殖器，然後跟隨牠們離開競技場。

帶頭的男子要跳上公牛頭上的那一刻，簡直就像世界盃足球射門時一樣緊張。我在葡萄牙看的那一場比賽，場中共有六頭公牛。其中有三次公牛成功甩掉跳到牠頭上的男子，兩隻嘗試未果，最後十三名排成一排的男子得四度吃盡苦頭才能接近公牛，而戴紅帽的男子在第一次被公牛甩掉後，連走路都不能走。我深深覺得，一個男人站在發怒的公牛前企圖跳上牠的頭，根本就是匹夫之勇。

湯姆沒有聽過這種比較人性化的鬥牛方式，不過也許是我的描述太過生動，他也覺得這種方式值得鼓勵。兩個男人從熱烈討論中萌發友情。我問他喜不喜歡那本蕭伯納的劇作。令我欣喜的是，他居然從上衣口袋中拿出那本書，還大方地感謝我借書給他看，讓我覺得自己以小人之心、度君子之腹，於是請他進收藏室來坐，以免在外受寒。

這個男人最了不得的特色，就是他的姓，剛好和我當天早上吃的食物一樣。湯姆的全名是湯瑪斯．潘卡克（鬆餅的英文），而且家族淵源眞的和鬆餅有關。他說，父親叫作史派瑞．潘卡克，嬰兒時期還曾經幫通用磨坊的即食鬆餅粉拍過紙盒封面。

一年前，湯姆只帶著一把吉他和一張機票，就離開波蘭來到捷克，靠教英文維生。他和校長因爲薪水起了爭執，最後還揚言放火燒掉學校，只好往南到了摩洛哥。他在那裡學會阿拉伯文，收養了一隻流浪貓，然後接受同行友人免費邀他到倫敦近郊同住的建議。於是他搭車前往倫敦，經過巴黎時，他已經坐了六十多個小時的巴士，於是他決定下車休息，舒展一下筋骨。

進城的第一晚，湯姆睡在塞納河東邊的橋下，凌晨之際，他發現吉他盒被偷了。他一向習慣抱著吉他睡覺，可是吉他盒裡裝滿了衣服、盥洗用具，還有許多盒他離開北美時便宜購得的駱駝牌香菸。對於每天都得抽掉兩包鴻運香菸的湯姆來說，這眞是晴天霹靂！他沮喪地走在塞納河邊，經過了莎士比亞書店。湯姆心想，書店倒是個可以溫暖人心的地方，最後，他還帶著那隻摩洛哥貓和其他家當搬了進來。

當時是十二月，沒多久貓就跑掉了，而湯姆也和蓋兒墜入愛河。幾個禮拜前，蓋兒邀他住進她在紐西蘭大使館的住處，於是他搬出了書店。

「我一直覺得她眼神動人。」湯姆眨著眼說。

說曹操、曹操到，蓋兒在書店發完麵包走進來。她的心情非常好，還邀請我們兩個喝咖啡。我們在潘尼斯搶到了高腳椅座位，和尼寇一起聊天，蓋兒甚至還留了一小塊麵包來餵店狗阿莫斯。

我回到書店時，茶會已經開始了。伊芙正在分送小點心，還抽空攪動大鍋裡的茶水。我看到那位帶著獨眼狗的女士，還有很多前一個禮拜出現過的奇怪人物。從吃驚的表情可以立刻分辨出幾位新來的客人。看著他們的困惑，我不敢相信自己才在一個禮拜之前第一次造訪莎士比亞書店。

等到最後一位客人也離開後，我幫忙伊芙洗杯子、收拾公寓。喬治很少在茶會上現身，之後他才上樓，請我們一起吃晚餐，有雞肉、燉蔬菜和中國啤酒。

吃飯的時候，喬治對伊芙非常體貼，不斷爲她倒酒，幫她切下雞肉中最精華的部分。「她是我的小娜塔莎．菲里波芙娜[27]！」他高興地笑著說：「她是唯一愛我的人。」伊芙在他臉頰上親吻致意。這是我第一次看到一個八十六歲的老男人像個小男孩一樣害羞、臉紅。

趁著喬治心情那麼好，我本想提出書店前途的話題，可是終究作罷。喬治顯然是那種有自己一套進度的人，於是我決定放鬆心情，好好享受這個晚上。酒酣耳熱之際，喬治還從沙發上拿出一個電子風琴，大家在青島啤酒的助興下，一起唱著莎士比亞書店的店歌——

若你來到巴黎，
在那寒冷下雨的夜晚，
請來莎士比亞書店，
我們永遠歡迎你。

因為它有個座右銘，
友善又有智慧，
要對陌生人親切，
他們可能是偽裝的天使。

啤酒一瓶接著一瓶的開，大家輪流親吻臉頰，喬治還把手搭在我肩膀上。「同志，」

27 出自俄國小說家杜思妥也夫斯基的作品《白癡》內的女主人翁。

他說：「我眞高興你來到我的小書店。」

19

多年來，已經有不少人提供建議，想要保住莎士比亞書店的方法。有些來自像我這樣的過客，被書店震懾、聽聞它可能會消失而感睛天霹靂。有些則是一生致力於保存這種文化遺產的熱心人士。不過，最認眞執行建言的兩個人，都是最親近喬治的人，一個是他的弟弟卡爾，另一個則是他的摯友，勞倫斯．佛林蓋堤。

卡爾．惠特曼是葛瑞絲和瓦特．惠特曼夫婦最小的兒子，也是除了喬治以外、家裡唯一還健在的成員。由於兄弟兩人相差十一歲，自小就有隔閡。卡爾非常崇拜他的大哥，可是因爲年紀相差太多，很難太親密。除了年齡的問題以外，父母之間的宗教爭議也有很大的影響。

喬治的父親是新英格蘭農夫之子，自小品學兼優，因此能夠上大學，之後還當上了教授，並編寫教科書。瓦特是愛書之士，熱愛歷史，也喜歡環遊世界。也許最重要的是，他對於科學奇觀太過著迷，沒有時間思考宗教層面。而葛瑞絲．惠特曼的生活則和她先生大相逕庭。喬治的母親出生富裕家庭，家裡不但有管家、僕人，還在東岸率先擁有勞斯萊斯轎車。不過夫妻倆最大的不同，還是在於宗教信仰：葛瑞絲是虔誠的長老派教徒，一生致力於爲教會奉獻。她說服她的孩子們把自己交託給耶穌——喬治十三歲時簽了一份文件，誓言「信任耶穌會賜予我力量，我承諾全力效忠祂。」——她對於丈夫的行徑總是不滿。夫妻倆生前最後幾年，瓦特乾脆一人住到三樓，鎮日埋首於書籍、日記。

這也難怪，在這樣的家庭裡，孩子們難免會選邊站。喬治和妹妹瑪麗追隨父親的腳步。瑪麗對於宗教態度矛盾，和父親一樣進入學術界，在哥倫比亞大學取得哲學博士，並先後在魏斯理和瓦薩爾學院擔任教授；而喬治首度接觸疑神論時，就宣稱自己是無神論者，並且縱情於文字世界；可是卡爾卻進入了她母親的世界。由於他和家庭牧師不和，很早就自己選擇了所屬教會，然後一輩子虔誠信奉。

看起來，卡爾是學術和宗教兼具。他進入康乃爾大學念工程，然後在第二次世界大戰時加入海軍。他在調往珍珠港途中，美國在日本丟下兩顆原子彈，並宣布戰爭結束。他退役回家後不知所從，從喬治的家書中讀到大哥的冒險經歷，也被當中的社會主義論述說服。可是父母希望他擔任教職，以獲得穩定生活。卡爾一向崇拜大哥，因此決定步上他的流浪後塵，看看自己適不適合這樣的生活。他全國走透透，當礦工、鋪鐵軌、爲捕蟹船卸貨。有一次，他和母親在一九五〇年代到巴黎看他大哥，甚至聽從喬治的建議，到俄國走了一趟。

最後，在大家的意料之中，卡爾選擇了中間的道路。他既是學者，也是激進主義分子。他在納許維爾的費斯克大學取得碩士學位，成爲這間創立於一八六六年、專門教育解放黑奴大學裡的第一位白人學生。他首先接受了費斯克大學的教職，後來又轉任佛羅里達州的A&M大學，並且致力於學生會活動，同時也協助那些從中美洲逃亡過來的難民們。此時，他還開始在和平見證會中當志工，這是對抗拉丁美洲政治壓迫和貧窮困境的基督教團體。他對於這個團體非常投入，後來還成了該組織董事會的成員。

在家庭方面，兄弟兩人的差異更大。卡爾和母親一直很親近，後來自己也成家，並生了四個小孩。而喬治卻很少有時間返家探親，因此錯失了家裡許多重要的大事，其中包括他父親的葬禮和卡爾的婚禮。家人非常擔心喬治與家裡疏遠，以及在巴黎開書店的決定。他父親在一九五二年逝世後，葛瑞絲甚至還凍結了喬治的那一份遺產達三年之久。她的態度和聽聞喬治長途流浪、成爲共產黨員時一樣，希望這只是暫時的階段，終有一天他會回到美國。

可是，全家人的關係卻變得更糟。當他妹妹去世的不幸消息傳來，喬治甚至還失蹤了一個禮拜。一九五〇年代期間，瑪麗．惠特曼在水牛城大學教書。有天晚上，她在家請客時吃東西噎到，立刻跑到浴室。她的氣管被一塊牛排阻塞，等到她的友人發現時已經太晚了。喬治的妹妹死於一九五六年，得年四十一歲。最後喬治終於寫信回家，說明他沒能及時回家是因爲出了車禍，並爲自己的疏遠道歉。

我承認，身為這個家的成員，我對於許多重要情況太過疏忽——多年來，我了解到這個家和瑪麗的一些狀況——事實上，自從她在一九四六年來到陶頓圖書俱樂部後，我就發現她並不快樂。由於我的個性太過被動，沒能好好鼓勵她……我這個做大哥的沒有在她陷入低潮時盡力照顧她、和她一起解決問題。她在家人身上得不到溫暖，才會找上心理分析學家。

在葬禮上缺席，遺產又被凍結，喬治和母親的關係日漸惡化。他晚年對母親更是抱持深仇大恨，從母親在他小時候拒絕餵他母奶，到他尚在襁褓時就咬他以示懲罰，什麼事都可以怪罪。當葛瑞絲·惠特曼在一九七九年逝世時，喬治依然不克前來參加葬禮，這樣的結果絲毫不令人意外。

可是，喬治和卡爾兩兄弟顯然具有相同的活力和熱情。卡爾七十歲從大學退休後，代表和平見證會挺進尼加拉瓜和瓜地馬拉叢林，以了解當地暴政和貧窮狀況。我住在書店的那個冬天，卡爾已經七十七歲，還繼續奔走全世界，和他擔任國際教育計畫訪問教授的太太一起遊遍非洲、亞洲和東歐。

過去幾年，兄弟倆努力建立關係。卡爾定期寫信給喬治，而且只要經過巴黎，就會到書店住個幾晚。就在其中一次造訪，他提出了拯救書店的構想。

卡爾很清楚莎士比亞書店前途未卜，因此認爲最好設立一個非營利基金會，不但能在喬治身後保護書店，也能強化它的歷史地位。根據他的構想，可以賣掉書店裡的檔案資料，獲得資金來成立基金會與管理書店。

莎士比亞書店收集的資料當然都很珍貴。這許多的箱子和檔案中，有書店成立之初的文件，以及五十多年來與作者們的通信，其中還包括安娜伊絲・寧內容精采火辣的信件、霍華德・津恩[28]和馬克斯・恩斯特[29]的來信，甚至還有J・D・沙林傑親筆寫的短箋。另外有幾百張宣傳店內讀書會和簽名會的海報、初版和珍藏版書籍，包括喬治從雪維兒・畢奇那裡得到的兩本原版《尤里西斯》，以及格雷安・葛林私人圖書館的珍藏書，這是喬治在他去世後，想辦法買來的。

檔案庫裡存放各種書店發行的文學雜誌紀錄，包括亞歷山大・托魯奇的《梅林》和尚・方卻特[30]的《雙城》等等。托魯奇對抗海洛因的經過，以及他與尚・惹內、亨利・米勒和山繆・貝克特的合作成果全都依時間順序完整地保存下來，不過，喬治提及個性溫和的方卻特時，顯然語露偏愛。方卻特是模里西斯來的精神分析師，曾和喬治一起在樓上的圖書室主持《雙城》文學雜誌達五年多之久。在那段時間內，喬治把方卻特介紹給勞倫斯・杜瑞爾，後者成了這模里西斯人的良師益友。

資料庫裡最後一個精采的部分，就是這四十多年來所有書店住客的自傳。書店裡到處都存放著每一位前來寄宿的訪客親筆書寫的故事，從艾倫．金斯堡到約翰．丹佛，這些人吸引著成千上萬書店顧客的目光。令人驚訝的是，相同的事情每天都在上演：對主流文化幻滅的人們來這裡尋求舔舐傷口的角落，渴望能讓世界變得更美好。事實上，根據喬治表示，五、六〇年代的住客和今日的住客唯一最大的不同，就是他們的家庭狀況。「以前離婚的不多，」他告訴我，「現在似乎每一個人都來自破碎的家庭。」

卡爾已經接洽過波士頓大學，對方對於這些檔案非常有興趣。他甚至還安排與巴黎的一位律師見面、討論這項計畫。可是這構想卻被喬治駁回。因爲所有檔案必須先分類整理好，如此龐大的工作並非書店住客所能勝任，而需要一位專業圖書館員來執行。美國有位專業檔案保管員主動表示願意做這份工作，他甚至還告訴喬治，他願意住在書店裡以節省開支。不過，每小時二十美元的費用還是得照付，這讓節儉成習的喬治打退堂鼓。

---

28 霍華德．津恩（Howard Zinn, 1922-2010），美國歷史學家。

29 馬克斯．恩斯特（Max Ernst, 1891-1976），德國人，公認為二十世紀最具原創性的藝術家之一。他是超現實主義（Surrealism）的催生者，同時也是達達主義（Dadaism）的健將。聞名於世的西班牙畫家達利（Salvador Dalí）也深受其影響。

30 尚．方卻特（Jean Fanchette, 1932-1992），出生於模里西斯島，是詩人也是精神分析學家。

成立正式基金會的構想其實還是可行的。如果有個政府認證、由董事會和成員組成的基金會，書店的未來就能保住了。佛林蓋堤就爲城市之光成立了這樣的基金會，而喬治這位老朋友也一再鼓勵他這麼做。

佛林蓋堤從索邦大學取得博士學位後，於一九五〇年離開巴黎，比喬治的密斯托拉書店開始營業還要早一年。一九五三年，佛林蓋堤和他的合夥人，彼得·馬丁，聯合在舊金山開了城市之光書店。佛林蓋堤希望能創造一個舒適的環境，讓「從古至今、所有年齡的作者能夠自在對話」。

佛林蓋堤眞的做到了，他在書店裡建立了一個文學社群，並設置信箱，讓那些沒有固定住址的作家能夠收信，並且成立了城市之光出版社，出版了近兩百多本書，其中包括傑克·凱魯亞克和保羅·柏爾斯[31]等人的著作。後來，佛林蓋堤因爲出版金斯堡的《吼》而被控猥褻，城市之光也成爲創作自由的代名詞。佛林蓋堤自己的著作也備受好評，其中最著名的就是他的詩集《心靈的科尼島》（A Coney Island of the Mind），這本書同時也是一九七〇年代全美最暢銷的詩集之一。

佛林蓋堤出生於西元一九一九年，比喬治小七歲，卻已經正視自己身後的問題。在舊金山市的協助之下，城市之光基金會成立，成爲專門培養文學和文字藝術的非營利文化與教育組織。理想中，這是喬治需要效法的舉動。莎士比亞和城市之光是姐妹書店，佛林蓋堤甚至邀請喬治加入他的基金會。

「喬治不希望他的前妻繼承書店，甚至對這個可能性恨之入骨，」佛林蓋堤回憶道：「我支持這個構想。我認爲這能讓我們姐妹書店的關係正式化。」

可是，這中間的阻礙不少。首先，是莎士比亞書店採用的會計系統。喬治從來沒有用企業經營的角度好好記帳。這也難怪，當初他在大學時曾兩度選修進階會計，全都被當掉。書店使用的綠色帳本裡，盡是用鉛筆塗塗改改的潦草筆跡，而且難以追蹤收入和支出。幫書店報稅的是一位女會計師，喬治親切地稱她爲「薑餅麵包太太」，在她的幫忙下，查稅人員還不致找書店的麻煩，可是書店若想改成非營利基金會，就得先採用公認的會計系統。光是這件事就繁雜的不得了。城市之光的律師檢視莎士比亞的文件後，立刻建議佛林蓋堤先不要做任何決定。

更麻煩的是，若莎士比亞書店想要獲得任何正式的支持，得先花好幾萬法郎進行整修。其中，電力系統最岌岌可危，一九九〇年書店曾因電線走火而失火，燒毀了近四千本書，圖書室裡依舊可以看到被煙熏黑的屋梁。當時，作家克里斯多福．索耶勞卡諾[32]正住

---

31 保羅．柏爾斯（Paul Bowles, 1910-1999），美國作曲家、作家。著名作品有《遮蔽的天空》，主要探討現代人在文民與原始之間的衝突。

32 克里斯多福．索耶勞卡諾（Christopher Sawyer-Lauçanno, 1951- ），美國作家。

在店裡。他的保羅．包爾斯自傳已經在書市大受好評、正在籌備《連續的旅行》（The Continual Pilgrimage）這本書，描述二次世界大戰後美國作家旅居巴黎的情況。圖書室起火時，他正待在喬治的辦公室裡，親眼看到黑煙四竄，店門口堆滿還在悶燒的書山。他記得喬治站在門口，用喬．希爾[33]的名言鼓勵大家：「不要悲傷——趕快整理！」損失非常慘重，但令人難以置信的是，這場火警已經是嚴重的警訊，可是事後書店卻完全沒有採取任何行動來符合市政府的安全法規。從店門的寬度到沒有逃生門，前來檢查的官員沒有一件事情看得順眼。

不管是什麼樣的基金會，最大的阻礙還是喬治本人。他花費半世紀的時間建立起莎士比亞書店，對於行事方式有非常獨到的看法。不管是老友佛林蓋堤，還是基金會的董事成員，他都還沒準備好交出控制權。莎士比亞書店是他的摯愛、他的生命、他的孩子。最後，就在喬治準備匯錢給佛林蓋堤成立雙基金會的前幾天，喬治決定還是單打獨鬥。

20

我在皇后三明治店聽說有位新客人要住進書店。

克特持續傳授我在巴黎吃到便宜食物的秘訣。那天下午，他介紹了這家廉價又好吃的三明治店。我們離開書店後，他高興地告訴我，我可以請他吃午餐，算是繳給他的學費。雖然我沒有慷慨的本錢，但也不能拒絕這個要求，於是，我們繼續進行美食大冒險。

「相信我，你的錢絕對花得值得，」他堅稱，「他們的三明治非常有名。」

書店轉角的聖夏克街上、波麗瑪古酒吧幾步之遙，有個非常不起眼的狹窄店面。這家店只有一個人舉起雙臂那麼寬，可是憑著工匠的巧手，這裡成了三明治專賣店。玻璃櫃裡擺滿了包裝好的法國麵包，有個圓潤的柬埔寨女人坐在後方。這裡就是突伊的皇后三明治店，是左岸常見的便宜三明治店。

突伊禮貌地對我們打招呼，然後展示三明治的餡料選擇。有雞肉、魚肉、卡門貝爾乳酪、合成蟹肉，當然，還有所有三明治店一定會有的煙燻火腿。儘管所有肉品的顏色都很不自然，而且麵包上有時還會看到藍綠色的黴菌，可是一尺長的潛艇堡三明治、加上一罐飲料只要二十法郎。

「你可以一整天都吃這個，」我們企圖挑選發霉情況較不嚴重的三明治時，克特告訴

33 喬．希爾（Joe Hill, 1879-1915），瑞典裔美國人，二十世紀初著名的工運組織者，也是一位抗議歌手。

我，「現在吃一個，晚一點再吃一個當晚餐，這樣就夠了。」

我們坐在櫻桃樹下吃著三明治，克特問我是否已經見過那個新來的住客。他告訴我，那天早上他在店裡遇到一位年輕女人，克特向她介紹莎士比亞書店的獨特事蹟。一個多小時之後，這女人提著行李箱來到書店，請喬治給她一個床位。

「我告訴她，她應該讀《北回歸線》，於是她便買了一本。」克特微笑著說。

大家都知道克特喜歡跟女人搭訕，他常常注意書店裡年輕貌美的女客人。他認爲，如果一個女人來店裡買亨利．米勒或安娜伊絲．寧的書，就表示她有意發生一夜情，爲了測試這套理論，他不斷在小說區徘徊。顯然的，又有個實驗對象不小心踏入了他的地盤。

「我認爲你會喜歡她。」他忸怩眨眼地說道。

我不確定克特爲什麼會這麼想，只好專心地吃著我的番茄白煮蛋三明治。不新鮮的麵包讓我下巴咬得發酸，不過，這還算是紮實的一餐。再度得感激克特的教誨。

當晚，書店裡有說書會，我關上收藏室後，也在人群中找了個空位坐下來。有個愛爾蘭女子要一面跳豔舞一面朗誦喬伊斯和王爾德的作品，店裡擠滿了好奇的觀眾。

自從書店開張以來，就會定期舉辦說書會，從威廉．薩洛揚[34]到威廉．史泰隆[35]，每個人都到過樓上圖書室的大廳辦說書會。莎士比亞書店一度專門吸引優質讀者和敏銳聽眾，有一次，有位年輕作家前來朗讀摩迪凱．里奇勒的《巴尼正傳》，因爲表現不佳，還被觀眾噓下臺。不過，眼前這位愛爾蘭女子跳著猥褻的舞步、穿梭全場，尖聲叫喊著《芬尼根守靈夜》裡的字句，我不免猜測，和金斯堡與科索的時代相比，現在說書會的水準應該已經大幅降低了。

就在觀眾不確定是否該鼓掌時，有人宣布表演結束。人們一哄而散，我看到一個留著長辮子、橄欖般膚色的女子和阿布利米特一起坐在窗前。她有著深邃的眼睛，讓人看不出瞳孔和虹膜的界線。

阿布利米特介紹我們兩人認識，讓我有些不知所措。那女子笑著說哈囉，但我卻舌頭打結，只能含糊地搬出上廁所和找一本書的藉口，趕快逃回房間。那是娜迪亞，是莎士比亞書店的新住客。

隔天有市集，我有幸能陪喬治一起去買菜。周一到周五的早上，巴黎各個角落都會有戶外市場，販售水果、蔬菜、魚類、乳酪，幾乎所有東西都比超市裡的便宜。最大的秘訣

34 威廉．薩洛揚（William Saroyan, 1908-1981），亞美尼亞裔美國人，作家。

35 威廉．史泰隆（William Styron, 1925-2006），美國作家，著有《看得見的黑暗：走過憂鬱症的心路歷程》。

是，當市場收攤時，所有不能放到隔天的東西都會被丟到桶子裡或留在現場，有一群人專門等待市場收攤才開始買菜。那一天，我們除了買蔬菜以外，還在桶裡找到半袋可以用來燉煮的蘋果、一些碰傷不嚴重的茄子，還在水溝裡撿到一顆完好無缺的馬鈴薯。

我提著蔬果和喬治走回書店，決定趁此機會問問娜迪亞的事情。喬治只是狐疑地看著我。

「她的自傳寫得非常好。」他說：「怎麼了，你喜歡她嗎？」

「當然沒有，」我用最誠摯的聲音說道：「我只是對於我們這個小家庭的新成員感到好奇。」這個話題就此打住，我們提著菜走上三樓的公寓，喬治開始準備午餐。他打算煮餃子配燉蔬菜，突然間，他用手打了一下腦袋。

「我把鹽忘在樓下辦公室了，你能不能幫我拿來？」

他眼前就有一盒看來還很新的鹽，可是喬治卻說這種鹽不適合，於是我趕緊跑下樓，很容易就在小廚房裡找到第二盒鹽，不過吸引我目光的是喬治辦公桌上的一張紙。那是娜迪亞的自傳。

娜迪亞在希奧塞古暴政期間出生於羅馬尼亞。雖然當時她年紀尚小，但她記得，爲了要興建「人民之家」，布加勒斯特歷史古城被夷爲平地，獨裁者扭曲共產主義教條，誓言建造全球僅次於五角大廈的第二大建築。一九八九年，希奧塞古政權被推翻，娜迪亞的雙親設法取得簽證來到美國，住在亞利桑那州。當時娜迪亞還是國中學生，越洋搬家對她造成很大的文化衝擊——新語言、物質享受、樂觀主義和光明前途，這一切都和東歐截然不同。

她無法適應美國小鎮的生活，這也不足爲奇，經過不快樂的高中歲月後，她選擇逃離。正好她獲得哥倫比亞大學藝術系獎學金，因而能如願離開。身處於紐約的混亂和多元化，生活又步上正軌，她開始有了類似快樂的感覺。

儘管教授很喜歡她的作品，但她未能繼續獲得獎學金，娜迪亞只好轉學。憂心如焚的她，不但作品變得黑暗、內心也開始憤世嫉俗，她需要另尋去處。

於是她想到了巴黎。便搬來法國寫作、作畫，希望平靜生活。她先住在共和廣場附近的旅館，計畫找個不需要身分的工作來付房租。結果，還沒找到工作，錢就花光了，剛好她來到書店，克特把喬治寬大爲懷的事蹟全都告訴了她。

後來我看到她拿著一本卡夫卡短篇小說集，便乘機與她攀談。

「我以爲妳在看亨利．米勒的書。」我說著，心底希望她不會發現我的聲音在顫抖。

「誰告訴你的？」她問。

我臉紅心跳，咕噥說著克特向她推薦過這本書。娜迪亞只給我一個挖苦的笑容。

「他硬要把《北回歸線》塞給我，天哪，」她說：「我只因爲想找個棲身地才買下那本無聊的書，我想這對我能夠住進來可能會有幫助。」

我怕她越說越氣憤，只好悻悻然離去，讓她繼續讀她的《飢餓藝術家》[36]。

隔天早上，我和克特到潘尼斯咖啡廳的廁所盥洗，克特問我對於這位新住客有何看法。「聰明、漂亮，」我回答，「不過，有點潑辣。」

「你也這麼認為？」克特猛然開口，「我說的每一句話，她都要頂嘴。你得小心女人，她們會把你撕成兩半。」

每個人都有一段淒美的故事，克特顯然也不例外。我們坐下來享受咖啡時，他告訴我讓他離開紐約的眞正原因。

那是他的初戀，當時他還在佛羅里達。依照克特的說法，女孩子很狂野、很漂亮，之前是模特兒。兩人相戀後，在小鎮上越來越待不住，於是一起到紐約闖一闖。克特一直賣不掉他的《錄影帶英雄》劇本，被迫做兩份工作來付房租，大城市的現實讓克特的夢想逐漸破滅。痛苦日復一日，他的不得志也影響了兩人的感情。

女友奇怪的作息時間讓他心生懷疑。她每天離開公寓後，他開始跟蹤她，有一天跟到了旅館大廳，看到一名男子起身迎接她。他們兩個像親密愛人一樣親吻，還一起上了電梯。克特震驚不已，但強迫自己保持風度來處理這件事。他走到櫃臺，鎮定地問出房號，然後請人送上一盤草莓和一瓶香檳，並附上簽了名的卡片，然後就離開了。

眞是個美麗的故事。克特講完後，我確信看到了他眼中閃著淚光。可是，當他舉起拇指和食指，假裝在拍攝他走出旅館的場景時，我還是有點半信半疑。

「就像卡萊．葛倫[37]的電影一樣，」他堅稱。

21

喬治當了一輩子的共產黨員，擁有非常精明的生意頭腦。他第一次涉足商業，是小時候在家鄉塞勒姆。住在惠特曼家對面的男人是個在當地瓶裝工廠上班的酒鬼。在當時，櫥櫃裡存放紅酒的家庭少之又少，這名酒鬼引來鄰居好奇，小喬治最後居然和他做了朋友。

36 《飢餓藝術家》（A Hunger Artist），卡夫卡創作於一九二四年的短篇小說。卡夫卡用饑餓來比喻解釋藝術的本質與大眾的誤解。

37 卡萊．葛倫（Cary Grant, 1904-1986），本名阿奇柏爾德．亞歷山大．里奇（Archibald AlexanderLeach），美國知名電影演員。出演過多部希區考克執導的影片，著名作品有《費城故事》、《金玉盟》、《西北偏北》等等。

一個炎熱的夏天，兩人合作做生意，由喬治以折扣價從男人工作的工廠大量購買橘子汽水、檸檬汽水和沙士，然後分瓶包裝，在街上販賣。後來，喬治還挨家挨戶推銷健康食品，接著，他又棄商從農，在父母家的地下室堆滿肥料，著手建立蘑菇農場。

到了高中，喬治展開了他的第一份眞正的事業，惠特曼複合產品公司。他在信箋上宣布銷售「辦公室文具、新奇商品、船、滑翔機、收音機、家用電器、機車、書籍、玩具、印刷品和各種常見的商品」。長大後，喬治愛上書店事業。他自二次世界大戰退伍前，是在麻州的陶頓陸軍醫院値夜班，趁白天空閒時間，他創立了陶頓圖書俱樂部，將書店和閱讀室結合在一起，但卻未能長久經營下去。後來，喬治去歐洲前成立了書籍郵購公司，公司名爲「失落的菲比」，位於塞勒姆。他來到巴黎後，在還沒有發現聖母院對面這個珍貴的店面之前，曾經在蒙瑟公園附近、庫爾塞勒大道上開了一家英文書店小試身手。

賣書不一定能致富，喬治必須善用他的生意頭腦，才能讓莎士比亞書店持續經營下去。他印製明信片賣給遊客，從教會拍賣中買來廉價的二手書，然後高價轉賣。他把外表尙新的二手書偷偷塞在原價出售的新書當中，他讓書店營業到十二點，不放過每個生意機會。如果這麼做還不夠，喬治還曾經挨家挨戶上門賣書。他最大的創舉是，當《北回歸線》在美國被禁，他拜訪巴黎各個美國學生的住處，推銷這本不道德的書。他很少有推銷不成的時候。

這並不表示喬治對自己的生意頭腦特別自豪，他只是明白他沒有其他選擇。在他所期待的革命到來之前，他被迫住在一個資本主義社會裡，因此只好以最不傷大雅的方式來參與其經濟。對喬治來說，圖利體制最主要的問題之一，就是人們透過傷害同胞來獲得報酬。食品公司在產品裡添加大量的鹽和糖，以便增加銷售；製造業透過關廠和刪減健康福利來降低成本；石油公司付錢請遊說專家阻止環保法案通過，以提高存貨價值。

「我寧願開一家免費借閱的圖書館，可是我逃脫不了經營企業的事實。」喬治企圖爲自己找藉口。「至少，我知道賣書不會傷害任何人。」

這些生意經驗非常有用。我搬進書店後，喬治常常用塡寫訂購書單或其他表格爲藉口，要我到他的辦公室，但通常我們只是聊天。若有特別緊急的事情需要討論，他會出來找我，要我立刻跟他上樓。不過，喬治這個人就是這樣，他從來不會直接提出要求。

最常見的情況是，他發現我在櫃臺前與琵雅討論她幫書店規畫的中國新年派對。琵雅和喬治一樣，嚮往中國的一切，而且常常前往該國，幫正在準備出書的母親蒐集上海歷史城區的資料。爲了更了解當代中國藝術，琵雅甚至跟阿布利米特學習中文，而且已經可以進行粗淺的對話。

那年二月將是中國農曆庚辰年（二〇〇〇年），生肖龍年，琵雅正向我描述她爲莎士比亞書店籌畫的慶祝活動，此時，喬治出現在門口。他聽了一陣子，然後開始整理書架上的書，並且抱怨店裡的窘境。最後，他用惱怒的眼神轉頭看我。「你看起來很渴，同志。」他低聲說著。

我接收到他的暗示了，於是向琵雅道別，上樓來到辦公室，看他到底要跟我說什麼。門關上後，我發現喬治決定採取以攻爲守的策略。那旅館大亨緊迫盯人，書店的前途像塞納河水一樣幽暗，因此他決定，最適合的做法就是擴張書店。

莎士比亞書店所在的建築裡有一間空的公寓，就在喬治最喜歡的三樓房間對門。這間公寓也能看到西堤島、一樣有面東的大窗戶，讓聖路易島一覽無疑。喬治一直想買下這間公寓，用來擴大書店圖書室的規模，而且還要能有會議室，以及讓政治激進分子住宿的地方。

「日後，美國的無國界醫生和助理前往非洲途中，就可以來莎士比亞書店留宿了。」他預料。

多年來，喬治一直留意這間公寓的動靜。前任屋主死後，公寓由他的子女繼承，但一直空著。巴黎的房價不斷飆漲，這間公寓最後一定會很搶手。如果喬治能夠買下它，他的圖書聖殿就能臻至完美，他也終於能享受到夢想達成後的寧靜。

「這將是書店之珠，」喬治說：「你看不出來這有多完美嗎？」

根本就不合邏輯，我心裡想著。可是，喬治不是那種會擔心邏輯這種瑣事的人，他一點都不在乎會有多忙碌，只關心是否能打敗那個法國建商、搶到這間公寓。喬治非常有信心，他認爲只要能募得資金、搶先出價，就一定能得標。

「我需要兩百萬法郎。」喬治微笑著宣布。

以現在的匯率換算，兩百萬法郎要超過三十萬美元，這不是一筆小數目，可是喬治毫不畏懼。他宣布要出版一本暢銷書來籌錢。不用太花俏，只要幾頁的精裝紀念冊，裡面放上照片和一篇關於莎士比亞書店的文章就可以了。他打算每本賣二十五法郎，預計賣一萬本，所得就足夠他買下這間公寓。

這個做法其實並不會不實際。喬治在出版事業上擁有久遠的成功經驗。他在高中時，一手創辦並編輯了《反省者》，裡面包括「詩人角落」等專欄，另外在雜誌中刊登了不少惠特曼複合產品公司的廣告。進了波士頓大學後，他擔任《波大新聞》的廣告主任，沒多久又創辦了他自己的報紙，《校園評論》。喬治開書店後，什麼樣的書籍都出版過。除了他所資助的文學雜誌外，他還在一九七〇年代創辦了《巴黎雜誌》，而且創刊號就大賣了一萬多本。書店慘遭祝融後，他出版了《一個書店的自傳——照片與詩篇》；幾年後，又編輯了《偽裝的天使》，輯錄作家的自傳，兩本刊物至今都還在書店的暢銷榜當中。就連他自己印製的明信片，也能持續吸金。

關於眼前的計畫，路克已經加入。他最近買了一臺新電腦，而且下載了各種最新的盜版軟體。路克很高興能參與莎士比亞書店的出版傳統，自願要設計紀念冊。如果我也同意協助編輯工作，這表示喬治只需要支付印刷費就可以了，而他確信只要十萬法郎的成本就夠了。

儘管我很榮幸能參與如此重要的計畫，可是我還是很擔心書店其他的問題。

「如果拿這筆錢來成立基金會，像佛林蓋堤一樣，不是更有用嗎？」我終於鼓起勇氣問道：「讓書店有保障？」

「你在說什麼？」喬治責罵，「你到底站在哪一邊？你想不想幫忙？」

答案是肯定的，於是我不再說話。

儘管我很想接受書店就是這樣混亂、不確定的事實，但心中的憂慮還是揮之不去。即使我已經開始協助喬治進行買房計畫，但我還是懷疑他有所隱瞞，他不願成立基金會，或把書店過繼給值得信任的子孫是不是另有隱情。果然，有天下午，我跪在喬治辦公桌下方找東西的時候，意外獲得答案。

喬治最大的困擾之一，就是他常常找不到鑰匙。有時忘在廚房罐頭豆子的後面，有時留在小說書架上艾米斯和愛特伍德的著作之間，有時掉到辦公桌後面，卡在與牆的接縫中間。此時我就是在幫他找鑰匙——我已經在桌子底下找到四張揉成一團的兩百法郎鈔票、半個法國麵包、三根湯匙，還有一條愛馬仕領帶。現在，我又看到一張蓋有英國郵戳的明信片和一張信箋，上面寫著一般青少年潦草的字跡。是寫給喬治的，不過讓我驚訝的是，信裡一開頭就稱他為「爸」。

「這是什麼？」我從書桌下伸出手，問道。

「還給我！」喬治大叫，一面伸手搶走明信片。「沒你的事。」

他背對著我，凝視明信片許久，同時還不斷嘆氣。

「說來話長。」最後他說。

喬治有子嗣。他結婚沒多久，就和太太生了個女兒。他活了那麼久，這算是最偉大的奇蹟，而且這更證明他還是一尾活龍，他當爸爸的時候已經六十九歲了。

他的女兒出生於一九八一年四月一日愚人節那天，擁有一頭金色的捲髮，還有喬治的藍眼睛。他們把她取名爲雪維兒·畢奇·惠特曼，以紀念第一家莎士比亞書店的創辦人，小女孩不平凡的一生就此展開。一家三口住在三樓公寓，有上千本圖書和一隻德國牧羊犬作伴，而且不斷有古怪的訪客上門，睡在沙發上，參加周日的茶會。

生活就像萬花筒一樣精采。雪維兒從小有作家和女演員當保姆。詩人泰德·瓊斯[38]特別喜歡栽培她，鼓勵她寫詩，並大聲朗讀。每天睡前，喬治會拿出《愛麗絲夢遊仙境》和《小熊維尼》初版書，念故事給她聽。喬治服務顧客時，雪維兒也常坐在他大腿上。她成了莎士比亞書店的小公主。從一開始，喬治就堅信雪維兒注定要接掌書店。

38 泰德·瓊斯（Ted Joans, 1928-2003），美國詩人、畫家。

可是夫妻倆婚姻出現問題後，住在公共書店裡的壓力再也難以承受。喬治的妻子對於女兒得在如此混亂的環境中成長感到沮喪，讓她尤其煩惱的是，每回有臨時「阿姨」或「叔叔」離開書店繼續旅程，雪維兒總是一把鼻涕一把眼淚。

雪維兒六歲時，她母親終於受夠了，帶著女兒離開了巴黎。他們搬回英國，爭奪監護權和贍養費成爲常態。喬治簡樸生活已久，他以爲每個人都可以無欲無求。他的妻子認爲，一個小女孩的成長過程中應該享有舒適的物質生活，因此不斷要求喬治支付小孩的贍養費。再加上喬治太過忙碌，兩人常常爭吵沒有及時支付贍養費的問題。沒多久，喬治定期探視女兒，並且每年讓女兒到書店過暑假的承諾越來越無法信守，到最後乾脆完全取消。我來到書店的那個冬天，對方律師已經來信要求喬治支付雪維兒的大學學費。

至於雪維兒自己，去年的聖誕節寄了一張卡片，而我找到的這張明信片則是兩年前寄的。喬治板著臉說，他已經五年沒見過女兒了。

「有一次她剛好來巴黎，在書店門口探頭，可是五分鐘後就跑掉了。」喬治悲傷地回憶道。

喬治依舊夢想著女兒能夠接掌莎士比亞書店。因此，才遲遲不願成立基金會，不願和城市之光結盟，一心只想擴張書店。

「她必須先愛上這地方，」喬治說：「她母親來信，說雪維兒想當演員。啊！莎士比亞書店可以成爲全世界最偉大的舞臺。」

我終於懂了。我想，我知道該如何幫忙。聯絡雪維兒，把她帶來書店，讓她愛上她父親一手建立的夢想之地。

「我們不能這麼做，」喬治搖搖手說道：「她母親一直在說我的壞話，還可能利用女兒當作特洛伊木馬來得到這間書店。我的前妻會毀了這地方。忘了我剛剛所說的一切。」

當然！我在想什麼？我們不成立基金會來保護書店，而是要等待他女兒來經營，可是喬治又完全不在女兒身上做任何努力，如今還決定要再買一間公寓。一切都已那麼明顯。我們從兔子洞進入了莎士比亞書店的世界，在這裡，下面才是上面，黑色是白色，沒有什麼事情是正常的。

22

書店上上下下進入勤奮工作的階段。喬治一心想在復活節前把紀念冊製作完成，以便利用夏日旅遊旺季迅速募得購屋資金。我們鎮日在檔案中篩選照片，喬治熬夜伏案，用鈍鉛筆爲文章起草。每當喬治對於版面有新構想時，就會用膠水和剪刀拼湊出來，不辭辛勞地來往於路克的公寓，請他掃瞄照片，印出版面。

喬治的想法每日一變，一再更改要求，他眞是我所見過最難纏的編輯了。他總是要求照片再亮一點，或者標題用不同的字體，或者把歷史完全改變。

有一張十年前他坐在辦公桌前的照片，他認爲應該放入紀念冊中。我們花了幾個小時的時間，終於找到這張照片，可是喬治對於照片中的他手上夾著香菸感到不滿。喬治吸菸多年，他以前在聖米歇爾大道上的旅館房間因爲常有濃密的煙霧冒出，被人稱爲「老菸槍閱讀室」。他甚至曾在寄給父親的家書中，向他口中的「州長」父親承認，「我可能捲入了很糟糕的醜聞案，因爲我每年要花一百五十美元來買煙，」他在信中寫道，希望他父親能多寄點錢給他。最後，健康問題讓他決定戒菸，他現在成了熱心的反菸人士，不但常常在店裡說教，若在店裡看到菸盒甚至還會把它踩扁。爲鞏固他的信譽，他儘量銷毀以往老菸槍的證據。因此，他要路克把這張該死的照片帶回家，掃描進電腦，然後利用Photoshop的神力，把香菸完全消除不見。

編製紀念冊的熱情影響了每個人。有天早上，賽門穿著一套非常正式的西裝，急著出門將他的翻譯計畫交給法國出版社。他朋友甚至給他一支舊手機，讓他可以等候回音。

「我看起來就像理查．布蘭森[39]一樣西裝筆挺吧！不是嗎？」他一面盯著手機上的小按鍵一面說道：「也許我該拿個公事包，開始讀《全球經濟日報》。」

樓上圖書室裡，阿布利米特把他的文法書推到一旁，拿出計算機和一份商業計畫。他雖然在中國大陸長大，可是現在改頭換面、成爲忠心的資本主義者，他已經提出簽證申請，想要到美國去。在這段等待的期間，他想出了一個能夠賺點小錢的方法。

在法國，雞農會先把雞爪切下丟掉，再進行處理。雞爪在亞洲是常見的食物，於是，阿布利米特正在接洽便宜買下幾噸的雞爪運到中國。他正在計算要賣掉多少雞爪，才能讓他支付開銷、把利潤分給投資者，然後自己也獲得合理的報酬。

「金錢，它統治全世界。」他說著，一面計算著冷凍貨櫃每立方英尺的成本。

我和克特不得不同意。我們幾乎身無分文，儘管突伊的三明治便宜又好吃，但我們已經有好幾天沒有吃飽。我在搬進莎士比亞書店以前，體重就已經下降，而今更是瘦到一百五十五磅，我得用釘子和榔頭在皮帶後面另外打一個洞，才能讓我的褲子不會掉下來。儘管我們告訴自己，在巴黎過著貧窮藝術家的生活再浪漫也不過，但還是很難平復提款卡已經成了廢卡所造成的不安。

克特試過一種非常樂觀的賺錢計畫。他有許多好看的獨照，把它們整理成個人檔案，親自拜訪多家模特兒經紀公司。雖然他得到的回音都是二十五歲已嫌太老，但他的外表還

39 理查・布蘭森（Richard Branson, 1950- ），英國著名企業維珍集團（Virgin Group）執行長，旗下產業從航空、唱片、食品等等，無所不包。

是很吃香。有個也叫做克特的德國男子愛上了我們的克特。這位德國克特開始在莎士比亞書店徘徊，請書店的克特吃大餐，甚至還送他和高楚人那一頂很像的時髦軟呢帽。最精采的是，德國克特招待書店克特到巴伐利亞水療勝地度假，還幫他買了機票。儘管書店克特拒絕德國克特進一步行動，讓後者很沮喪，但那還是一段很快樂的時光。

「溫泉，」我們的克特後來告訴我們，還描述了草莓籽和面膜讓他的皮膚更光滑。「效果眞是神奇。」

可是克特依舊口袋空空，我們還是窮困一如以往。在巴黎，沒有工作許可還是有辦法工作：餐廳廚房的非法工作，教英文收取時薪，到第七區當保姆等等。可是這些工作太不實際了，因爲我和克特總喜歡幻想比較特別的工作方式。

最好笑的，就是利用莎士比亞書店的遊客人潮。幾乎每本巴黎旅遊指南都會把書店列爲名勝，每天都有成群結隊的遊客登門拜訪。他們陶醉於這裡的圖書和住在其中的流浪作家，而且花起錢來，絲毫不手軟。

我和克特開始密切監視這些遊客，就像飢餓的豺狼垂涎肥美的羊群一樣。爲了讓旅途更精彩，很多人都想要相信住在這裡的每一位作家都可能是另一個海明威。事實上，書店每年留宿了數百位詩人與作家，只有少數幾人得以發表作品。可是我和克特窮得發慌，覺得實在沒有理由阻止遊客們沉迷於這樣的幻想當中。

樓上圖書室有一臺老舊的金屬打字機和刻痕累累、很有味道的破舊木桌。我們的計畫是把這兩樣東西放在書店前，爲遊客即席撰寫短篇故事，收取一頁十法郎的費用。我們正興奮地夢想著財富入袋，娜迪亞說她也要加入，她同意負責畫招牌。三人一起喝了一瓶酒，想出了宣傳口號，「故事拍賣，一頁十法郎，免費打字。」

等到招牌油漆已乾，喬治經過。「這簡直是公路搶劫！」他表示。然後，他指著娜迪亞說：「唯一值得付錢的只有她。她是你們當中最優秀的作家。」

喬治繼續笑著，直到娜迪亞害羞的兩頰呈現美麗的粉紅色爲止。

隔天下午，我們把木桌擺到書店門口、並架起了招牌。經過了幾天陰冷的天氣，天空總算出現白雲，甚至太陽還偶爾探頭。我們認爲這是好預兆。

克特自願先值班，沒多久，有兩位來歐洲遊玩的澳洲女人走近，想知道這位英俊的男士坐在路邊，面前還放了書桌和打字機，究竟是在做什麼。克特只花了十五秒鐘，就說服他們花錢買故事，於是，他用力地一口氣打了好幾頁的腥羶巴黎浪漫史。他輕易地賺到六十法郎後，有個客人表示要請他到街角的酒吧喝一杯，他便立刻丟下攤位離去。

我接手，馬上感到慌張。如果我腸枯思竭呢？我當場能寫出什麼樣的故事呢？如果我不是這樣好勝的人，我就會立刻收攤了。幸運的是，第一位走來的人是佛南達。我上次見到她，是我從旅館一路走到書店途中。她很高興喬治讓我留宿在書店。

佛南達堅持要向我買故事，於是我調整姿勢準備打字。我們買了複寫紙，以便保留副本，我努力把複寫紙塞入打字機裡，手指頭都被染色了。我害怕腦中一片空白，此時，我遠望聖母院，想起佛南達爲我禱告，於是我寫了一個男人眼睛動手術後、在教堂前等待的故事。那一天，醫生告訴他可以拆除繃帶了，於是他來到聖母院前，希望第一個進入眼簾的是這美麗的教堂。佛南達讀了這篇故事，給我一個深深的擁抱。

這是我搬進書店以來，第一次記起這世界除了莎士比亞書店以外，還有其他地方。我已經完全沉浸在喬治奇怪的世界裡，活動範圍最遠只到潘尼斯和學生餐廳，每次離開書店的時間也不超過一個小時。我甚至還沒有打電話給家人，告訴他們我暫時無恙。佛南達離去之前，我們說定幾天後在羅浮宮會面，她要把這個現實世界重新介紹給我。

一篇故事搞得我頭暈腦脹，我確信這是最難賺的錢。還好，此時娜迪亞出現，她先是嘲笑我虛脫沒用，便興致盎然地接手攤位。接下來的兩個小時，她總共寫了九篇動人的故事，裡面有豐富的人物和對話，讓顧客讚不絕口。有個風度翩翩的紳士還一口氣買了兩篇，後來才知道他是《運動畫刊》的首席足球作者Z博士。其中一篇，他甚至還提供了第一個句子讓娜迪亞接著寫下去，這句話其實也是他一直想要寫的小說的第一個句子。

娜迪亞是當天故事攤位的明星，這讓我和克特很不是滋味。在這種心情下，我們掏出所得買了一瓶紅酒才能稍得安慰。

23

我再強調一次，莎士比亞書店是個很難保持整潔的地方。首先，主要因爲它年代久遠。書店所在的道路，已經持續使用了四百多年，而且早在一二〇二年就正式成爲巴黎的街道。就連它的名稱也有歷史淵源，布雪西街來自於「bûches」，法文是原木的意思。幾百年前，此區是「原木港」，全巴黎的原木都會用船運送到這裡，港口離現在的書店只有幾呎之遙。

根據喬治的說法，莎士比亞書店這棟建築所在地，十六世紀時是修道院，他把自己比喻成幾百年前住在同一地點的修道士，都是「點燈者」，點亮燈光歡迎陌生人，固執熱心地照顧老舊圖書和迷途旅人。一七〇〇年代初期，修道院改建成公寓大樓，於是布雪西街三十七號就在巴黎房市熱潮中，建造成如今這個樣子。

三百多年來，這棟六層樓高的建築見證巴黎一切重大演變。拿破崙還是年輕士兵時，初次來到巴黎，就住在半條街外的玉榭街上，他絕對經過這棟建築。普法戰爭和一百年後的二次世界大戰期間，德軍先後駐紮在此區。神之家醫院分部在被夷平之前，坐落在三十七號的對街，專門收留末期病患。數以百計的屍體從醫院運送出來，讓布雪西街彌漫著屍臭，最後再運到聖居里安勒波舉行葬禮。

不過，三百年的歲月也讓這棟建築飽受風霜——木梁彎曲、灰泥碎裂、水管漏水。這讓書店透露出一種垂垂老矣的味道，而且這只是衛生問題的冰山一角。一個禮拜下來，至少會有好幾千人造訪莎士比亞書店，用力甩門、撞擊書架、把巴黎的各種污染帶到書店每個角落。還有，男男女女在書堆中流汗、睡覺和吃東西所留下的垃圾。若仔細搜查書店任何一條被子，都可以找到非常豐富的毛髮DNA樣本。小凱蒂對於骯髒的環境也有所貢獻，除了排泄物之外，牠也常常把鳥類和老鼠的屍體拖進書店角落。甚至還謠傳店裡床上有臭蟲，儘管住客們都癢得受不了，喬治還是堅稱這是惡意毀謗。

「只有一次！五十年來，只有一次發現臭蟲！」他宣稱，「就被記者寫得沸沸揚揚，現在大家都以爲這裡臭蟲橫行。」

這一切的一切，在在顯示書店搖擺於浪漫氛圍和藏污納垢之間，而且喬治的財務困境隨時關係著書店存亡，這條微妙的平衡線很難維持。他請那些稍有水電和木工概念的住客來維修書店，從鄰居的垃圾桶撿來木頭和書架，他用冷水和舊報紙來取代超市裡林林總總的清潔劑。即使在圖書室失火那一天，喬治還是秉持節儉原則。當時，作家克里斯多福·索耶勞卡諾爲協助清理書店，跑到超市買了一包超大型垃圾袋。他回到書店時，喬治看了一眼他手上的東西，大聲斥責他浪費錢。

由於經濟拮据，喬治不理會今日商業文化的束縛，但這當然不是最有效率的打掃方式。有位德高望重的雜誌編輯應邀到三樓公寓過夜，他勉強待了十五分鐘就因受不了而離開，另覓旅館。他先是發現枕頭上有一隻蟑螂爬過去，然後看到流理臺上裝著燉蘋果的碗已經發黴，於是再也無法忍受。

當然，我是個年輕力壯的加拿大人，而且又沒有其他選擇，當然不會留意、也不會抱怨書店裡的衛生問題，但突然間，我變得非常在意自身整潔。這都是因爲娜迪亞的關係。我好像戀愛了。

我愛上她深邃的眼眸，愛上她好強的心靈，直接戳破克特想要占便宜的意圖；我愛上她在我們賣故事那天的洋溢才華。更重要的是，我愛上她讓我有世界末日的感覺，只想在她的懷裡尋找救贖。

儘管喬治對我釋出善意，我的問題還是沒有獲得解決。我沒有找到眞正的工作，沒有爲未來做出具體的規畫，沒有捫心自問爲什麼會走到被人追殺、被警方調查的田地。可是，當外國來的、美麗的娜迪亞站在我面前時，我留下來的一大筆爛帳突然都不重要了。畢竟，我準備追求她、得到她、疼愛她，然後過著幸福美滿的日子，一直到一百零二歲，才在彼此的懷裡一起死去。

我確信阻止我這份夢想的唯一原因，就是我聞起來像是腐爛的麋鹿屍體。我搬離克利尼揚古爾門附近那家旅館已經三個禮拜，我沒有好好洗澡也有那麼久的時間了。期間，我只到潘尼斯的廁所擦擦重點部位，就這樣而已。我的指甲又黑又髒，頭髮出油打結，而且我自己都被我胯下和腋下發出的臭味薰得要死。

洗澡其實並不難，問題出在莎士比亞書店裡的廁所。那些住在莎士比亞書店主要建築裡的人想要用水的話，只有一樓有冷水，還有之前提過、位於樓梯間狹窄的廁所。可是裡面的尿騷味太重，光是走進去就會被臭得流淚。三樓公寓有一個小浴缸，可是啊！這是喬治專用的，他也只讓那些應邀住到三樓的貴客使用。

在這種情況下，洗澡得發揮創意，克特表示有兩種方法。許多顧客對於書店住客的困境非常同情，常常會主動出借自家的浴室或浴缸。有天晚上，我們坐在收銀臺旁，正在爭論布考斯基[40]的書。路克把布考斯基昂貴的《黑麥麵包上的火腿》和《郵局》黑雀版放在書架最高的一層，以防人群們髒兮兮的指頭弄破書背、弄髒書頁。克特好說歹說想要拿來讀一讀，此時，有個年輕女子走進來，同意布考斯基是個優秀的詩人。克特意識到這個大好機會，營造出自己是個落魄詩人的假象，不到半小時，對方就邀請他到女子住的旅館，享受客房服務，並且好好泡個澡。還有一次，一位非常美麗的紅髮女子也大方提出類似邀請。讓我意外的是，克特有技巧地拒絕了。

「老兄，她只有十五歲！」他解釋道：「我不想誘拐一個波蘭斯基！」

除了這些誘人的泡澡豔遇外，另一種選擇就是公共浴室。由於我心目中唯一的女孩就住在莎士比亞書店，於是我選擇第二種洗澡方式。

巴黎眞是遊民的天堂，遊民的法文簡稱SDF（sans domicile fixe）。每一個行政區都會提供免費餐點，並且用貨車巡迴發放食物和日用品給街友。另外，還有政府主持的收容所，提供乾淨床鋪和政府津貼公寓；在神之家醫院也專門爲遊民設有一間急診室。

種種服務中，最吸引莎士比亞書店住客的，就是公共浴室。全巴黎有十幾家公共澡堂，全都設有狀況良好的淋浴間免費供大眾使用。離書店最近的澡堂位於荷納路上、運動中心陰森的水泥建築裡，就在龐畢度中心的正後方。那個下雨的午後，我走到這裡，心中因尷尬而抽痛——我從來沒有接受過任何社會救濟，如今，我也成了身無分文的骯髒遊民，極需好好洗個澡。

幸運的是，浴室裡的兩位職員，是我來巴黎以後所見過最親切的人。其中一位是個身軀龐大的塞內加爾女人，她聽到我滿口爛法文，不斷發出爽朗的笑聲；另一位是身材矮小

40 查理．布考斯基（Charles Bukowski, 1920-1994），生於德國，兩歲時隨父母搬到美國。二十四歲出版第一本小說，但評價不佳，直到八〇年代才逐漸被重視，在歐洲卻擁有廣大的讀者群，僅在德國就狂銷了兩百二十萬冊以上，也被翻譯成多種語言，被喻為美國當代最偉大的寫實作家之一。

的阿爾及利亞男人，他則非常努力的壓抑想笑的衝動。女人發現我很緊張，於是立刻開始嘲笑我的頭髮。男人把淋浴票拿給我，對我搖搖手指，說：「你好好洗乾淨。」

淋浴間位於地下室，外頭有個鋪著乾淨地磚的等候室，從這裡分成男女兩側。我排著隊，前面是個醉漢，後面是有三個小孩的家庭。其中一個男孩不斷拉著他父親的外套問道：「還要等多久？還要等多久？」父親回答就快了。兩邊都有十幾間淋浴間，等候時間不會超過十分鐘。叫到我的號碼時，服務員給我一條毛巾，並帶我到淋浴間。我走進後，他用可擦色筆把時間寫在門上，才知道我的十五分鐘使用時間是到什麼時候。

我把門鎖上，看到裡面有一張放衣服的小板凳、和健身房裡的那種蓮蓬頭。唯一麻煩的是，要沖澡時，得先按一個小按鈕，每次水流只維持一分鐘。後來路克告訴我，他每次都會帶著一把抹刀到公共淋浴間把按鈕卡住，讓水流持續下去。可是那一天我淋浴的時候得不斷按按鈕。不過這是小事。裡面有足夠的熱水洗掉我全身髒污，我用力搓著身體，享受著乾淨的奢侈。

回到書店後，我急著尋找娜迪亞，看看她會不會注意到全身洗得香噴噴的我。我在樓上的圖書室找到她，另外還有克特、瑪璐許卡，以及幾位帶了一瓶紅酒來訪的訪客。

人群中有一位年輕的墨西哥人叫做肯索，他簽了約來巴黎從事爲期三個月的伸展臺模特兒工作。我相信他是個有爲青年，可是我第一眼就討厭他。他不僅坐在娜迪亞身邊，而且還一直深情款款地看著她。更糟糕的是，我剛從公共澡堂洗完澡就已經覺得很了不起，而他卻在髮廊做了頭髮、擦了古龍水，還穿著絲質的名設計師服裝。

「老兄，你的運氣眞差。」克特注意到我的沮喪而說道。

24

我懷疑我不是唯一一個爲情所困的人。這段時間，伊芙來店裡的次數更頻繁，只要她一出現，喬治立刻放下手邊事物。無論他正在櫃臺服務顧客或在樓上忙著製做他心愛的紀念冊，他都會立刻起身，擁抱他的小娜塔莎．菲里波芙娜，並趕忙幫她拿來熱咖啡或一罐用優格瓶盛裝的草莓冰淇淋，或者一小塊杏仁餅。有一次，伊芙的來訪讓喬治高興不已，還堅持要請我們兩個吃午餐。

聖米歇爾廣場附近的一家阿爾薩斯老餐廳深得喬治的心，因爲一大盤酸菜、香腸，加上一杯啤酒，還有一塊甜派，總共只要四十九法郎。似乎光是美味食物還不夠，吃飯的時候，喬治還不斷從自己的袋子裡拿出禮物。他爲我和他自己帶來了用底片筒裝的烈酒。喬治喜歡在餐廳裡喝醉，但餐廳裡的酒類價錢實在令他不敢恭維。所以我們離開書店之前，他拿了幾十個底片筒裝滿伏特加，裝在袋子裡，等服務生不注意時，我們可以打開蓋子趕快喝一口。

送給伊芙的禮物就體貼多了。小罐的護手霜、香水試用包，還有一本有青銅扣環的日記本。每次她收到禮物，就會在喬治臉上輕輕一吻，讓他飄飄欲仙。

「妳為什麼每次都來打擾我工作？」他假裝生氣地問道：「誰說我不是全世界最富有的男人？還有什麼會比一個美麗女子的笑容更值錢？」

說得沒錯，那時候，我願意竭盡一切換得娜迪亞親切的笑容，就是那麼巧，命運之神推了我一把。

莎士比亞書店的周一晚間說書會從密斯托拉時代就已經開始，不過隨著喬治年紀越來越大，舉辦的時間已經不像以前那麼固定，而且說書會形式也不再是勞倫斯．杜雷爾的簽名會，取而代之的，多半是一個愛爾蘭女人激動地站在書架前朗誦著喬伊斯的作品。此外，以前的說書會早在一個多月以前就會開始規畫，而今，通常等到前一個周四早上才匆促決定，而且沒有任何規畫。

就是這樣的一個周四早上，娜迪亞表示她正在寫一篇短篇故事，想知道能否由她來主持下周的說書會。儘管這樣的建議引來阿布利米特和克特懷疑的眼神，我卻一頭熱地立刻表示贊同，並且大方地志願幫她準備。

娜迪亞的故事是關於一個年輕女子，她的兩肺之間生出了一個奇怪的生物，並且逐漸控制她的思想和行爲。那天晚上，我們坐在故事間後方的床上。娜迪亞把她的故事從頭到尾念了幾遍，嘗試不同的音調，讀熟她的文字。這是一篇很傑出的作品，可是並不怎麼讓人開心。很明顯的，卡夫卡的色彩進入了娜迪亞的腦中。

「你覺得內容很病態嗎？」她問。

「是好的方面，」我堅稱，「妳把它用最好的方式呈現。」

我們並肩坐在我的窄床上，一起討論到午夜過後。然後，娜迪亞收拾好她的文章，準備回到她在樓下俄文區的床位，我笨拙地支吾其詞。然後，我們互道晚安，她站起來踮著腳尖，露出淘氣的笑容，如蜻蜓點水般的親吻我，感謝我的幫忙。我帶著高昂的情緒進入夢鄉。

天氣比較暖和了，我開始在午後陪著賽門到植物園散步。沿著塞納河走十五分鐘就可以到達公園，角落還有一座小型動物園，賽門還買了年票。在那段他隨時可能被趕出書店的黑暗時期，他會來這裡看動物，待上好幾個小時，偶爾沒有來，他還會說動物們都很想他。有一次，有個小男孩拿石頭丟籠子裡的鴕鳥，賽門還爲此跟男孩的母親吵了起來。賽門五年來住在收藏室，就像展示窗裡的商品一樣，這會兒他心有戚戚焉的說著鴕鳥的事情。

我們一起散步時，總會在花園長椅前歇腳，我聽著賽門的即席談話，從塞瓦斯托波爾戰役[41]到黑洞和地球生活之間的關係，什麼都可以談。幾十年來，他固定每個禮拜會讀四到五本書，一直到最近，他才開始閱讀比較通俗的東西。

「我不知道喬治爲什麼要對於我看偵探小說的事情小題大作，」賽門抱怨。「其他類型的書我都已經讀過了。」

因此，這詩人的腦袋裡塞滿了各式各樣的資訊。我與他散步期間，同時也在增廣見聞，不過，從這樣毫無條理的老師身上學習歷史和社會究竟適不適當，我心裡有點保留。

賽門解析完歐洲對後殖民時代非洲的影響後，又大聲朗讀他的詩給我聽。愛爾蘭出版商對他的手稿有興趣，他備受激勵，因此最近重拾塵封已久的筆，又開始寫詩。他常常在櫻桃樹下拿著線圈筆記本，快速地記下潦草的字句和素描。我們坐下來時，他會拿出這本筆記本，高聲朗讀他的新作品。

「你眞的喜歡嗎？眞的嗎？」他念完詩後會一遍又一遍的問我。

我眞的喜歡。雙瞳有神的英國男子在這全巴黎最美麗的花園裡讀詩給我聽，就像其他事情一樣，我感到心靈的悸動。

娜迪亞的短篇故事、賽門的詩，還有克特詔告天下要完成小說的誓言，都催促著我提筆寫作。老實說，我雖然出過兩本書，但那並不是什麼快樂的經驗。它們都是不需文采就可以完成的眞實犯罪故事，我的朋友們總愛開玩笑，說這種書在各地加油站會賣得比較好。第一本書是我向報社休假三個禮拜完成的，因爲平日上班時間，我得從早上八點就開始工作，直到午夜後才能下班。至於第二本書，我申請留職停薪五個禮拜，可是寫作的時間就像上班一樣長，我在電腦前一頁接著一頁的打字，坐的全身發痠。不過，如今我受到莎士比亞書店的啓發，決定再度提筆。

我獨自待在收藏室時，開始構思小說內容，是關於一個年輕人生命受到威脅，被迫重新審視他的人生。我不管自己是不是缺乏想像力，努力地敲打著鍵盤，像克特和其他人一樣，做著在巴黎文壇一舉成名的夢。莎士比亞歷年的住客中，有七位在住宿期間出版了小說，還有上千人在這裡獲得靈感。書店是有爲文人的興奮劑，我也不得不爲之成癮。

每次喬治看到我在寫作，都會站在我後面、對我的行爲表示不滿。「這是什麼？」他會指著某個通俗的字詞大聲問道：「如果你想要感動讀者，就得使用像大砲一般震撼的字眼。」

喬治當年也曾嘗試寫小說，曾被《紐約客》和《國家》等刊物退稿。他的作品還包括

41 塞瓦斯托波爾戰役（The Battle of Sebastopol, 1854），起自一八五三年的克里米亞戰爭（The Crimean War），原本是第九次的俄國與鄂圖曼土耳其的戰爭，後來連法國、英國和薩丁尼亞王國都加入，為期最長也最重要的戰役是在克里米亞半島發生的，所以期間於一八五四年九月十四日時，英法聯軍在克里米亞半島登陸後，開始圍攻塞瓦斯托波爾，故有此戰役名。

一本短篇小說集，敘事者是一位跟隨一隻鱷魚走遍撒哈拉沙漠的年輕人。根據喬治的說法，這些手稿不是遺失就是被偷，反正每次講法都不同，不過，書店裡倒是有一本他出版的作品。一九九〇年書店失火，燒毀樓上圖書室後，他出版了一本名爲《烈火之書》的書，爲莎士比亞書店募款。書裡收錄了喬治在一九四〇年代寫的一篇故事。故事叫做「喬伊」，是關於一個黑手黨年輕人最後殺了人的故事。「當安吉羅離我只有十碼，我扣了扳機，」故事進入高潮，「他雙手著地，下跪不起，我的最後一顆子彈轟掉了他的腦袋，他終於倒臥在地。一顆流星穿越烏雲而過，讓我頓然不知所措。」

喬治甚至還承認，他一生最大的懊悔，就是從沒把腦中構思的小說寫下來。

「我不會把這個故事告訴你，」他用異常嚴肅的語調說道：「這會是一本史上最偉大的小說。你一定會偷走這個構想，自己拿去用的。」

娜迪亞的說書會在我們的殷勤盼望下來到。我們早在書店四周貼上了海報，邀請常客來參加。她在故事攤的表現深受各界好評，再加上喬治不斷誇耀她的才華，因此當晚有相當多的聽眾前來聆聽、急於一睹她的文采。

娜迪亞緊張得腸胃不適。在說書會開始前一個小時內，她就跑了三趟潘尼斯的廁所，此外，她又灌了四罐優格瓶的紅酒，終於才有了繼續進行的勇氣。八點一到，說書會開始，她雙膝發軟，而整個圖書室早已擠得水泄不通。湯姆．潘卡克和蓋兒坐在後面，琵雅和瑪璐許卡與克特和阿布利米特坐在一起，就連喬治也來了，他和伊芙並肩站在走廊上，從門縫中看熱鬧。最可惜的是，那個愛慕娜迪亞的墨西哥模特兒就坐在前排。

起初，娜迪亞緊張得雙手顫抖，不過，她用演員般的腔調朗讀著她的故事。現場觀眾笑著箇中的黑色幽默、神遊於陰鬱恐怖的情節，故事說完時，全場報以熱烈掌聲。在大家捧場起鬨之下，娜迪亞宣布她要去波麗瑪古酒吧，並邀請大家隨行。現場有不少人自願大方請客，我和克特當然不會缺席，我們準備歡度慶祝之夜。

我在酒吧裡和克特、湯姆與蓋兒坐在一起。湯姆興致勃勃地想要說服我們，人類可以只靠呼吸過活。他堅稱，我們可以像植物一樣妥善運用精力，並且說他終有一天可以只靠光合作用活下去，吸收太陽和水的養分。儘管我認爲他的理論難以置信，但卻無力反駁，因爲我的注意力全部放在桌子另一端發生的事情。

娜迪亞坐在墨西哥模特兒和瑪璐許卡之間，忙著同時進行兩段對話，全身因剛剛的表現而散發光彩。現在我已經一天沒洗澡了，又注意到模特兒身上剪裁合身的外套。我看著他和娜迪亞調情，那晚午夜一吻賜給我的自信正在逐漸消褪。

「別擔心，」克特小聲說道：「你扮演的是約翰．庫薩克的角色。相信我。」

午夜時分，人群準備散場，可是娜迪亞還不想結束這個屬於她的夜晚。巴黎最大的好處之一，就是雜貨店裡有許多不到二十法郎的好酒，而且凌晨三、四點都還可以買得到。我們很快地決定把大家口袋裡的錢集合起來，買來好酒到塞納河邊續攤。瑪璐許卡立刻拒絕了克特的邀請，而墨西哥模特兒正在思考是否該爲明天的拍攝早點睡覺，娜迪亞便要他搭計程車回家，此時，我的心再度點燃希望。接下來，將是一場親密的三人派對。

25

二月的塞納河邊又濕又冷，可是，清幽的環境彌補了這份不適。夏天晚上擠在河岸碼頭的人群，到了嚴寒的冬季便消失不見，只零星看到幾個有勇氣抗拒寒冷的人，安然地享受獨處的自在。

我們走下石階來到塞納河岸時，就是這樣的情況。河邊看不到其他人，我們的腳步聲迴響在對岸碼頭。天空飄起小雨，於是我們到雙倍橋下躲雨。透過橋下鐵架的縫隙，可以隱約看到聖母院的石造正面，而距離我們所坐之處的幾呎下方，黑色的塞納河水急速流過。甚至還一度出現一個壯觀的景象：上游有家餐廳關門時，把一大堆剩麵包丟進河裡，幾百片法國麵包就這樣順流而下。

我們用克特的軍用刀撬開紅酒，然後輪流對著瓶口喝。我們醉在瓶中物、醉在巴黎、醉在突然獲得的新生活，三個人像是摯友一般一起感受這世界。就這樣，我們開始分享自己的故事。

娜迪亞聊到她的青少年時期，說她到了美國，半句英文都不懂，心中是如何恐懼和害羞。她在一間奇怪的高中裡被孤立，她努力想要融入，同校學生卻祭出那些殘忍、奇怪的青少年社交法則，狠狠地把她排除在外。回到家裡，鴻溝反而更大，她一心想要適應這個新國家，而她的父母卻變得越來越自閉，緊抓著他們祖國的語言和記憶不放。

女兒和父母之間的緊張情勢，把家裡變成一顆不定時炸彈。先是幾天不說話，後來變成幾個禮拜不說話。有年夏天，娜迪亞的父母不准她踏出家門一步。最後，她乾脆完全不開口說話，全家生活在啞然無聲當中。長久以來，娜迪亞一直獨吞這份黑暗，等她終於離家、到紐約讀藝術時，她還以爲自己啞了。

「我想我永遠也不會了解什麼才是正常。」她平靜地告訴我們。

我們的思緒都被拉回到從前。克特也說著他的家庭、他的年少日子。我和他相處的這段日子，總覺得他多少有點虛張聲勢，不是帶著面具想討好別人，就是隱藏他眞正的自我。那晚是我唯一確信他百分之百說眞話的時候。

克特十六歲時，到郊區一家超市工作。一個周六下午，他正在停車場整理混亂的購物車，一輛白色跑車在他旁邊停下來。貼著隔熱紙的窗戶搖下後，有個眼妝已經哭花的女人坐在裡面。「克特……我是你的母親」，她只說了這句話，便加速開走。

克特因此發現自己原來是被人領養。在這之前，他一直以爲自己有正常的生活、親生的父母。後來，他的親生母親在心情平復後又回到超市。她告訴他，之所以會拋棄他，是因爲生他的時候，自己還只是個孩子，她沒有別的選擇，可是她一直思念著他。

在停車場的那一天，克特的世界就此改變，而他依舊不是很清楚這件事對他的影響。他一直擺脫不了被拋棄的感覺。也許正因如此，這個表面上似乎擁有一切的男人——帥氣外表、運動天份、迷人氣質——卻一直不斷在追尋。

故事說完後，他蒼白無助地站在那裡。我很驚訝他居然會掏心掏肺，不過我可以理解。在這樣的雨夜裡，坐在離家萬里的城市橋下，這是最適合告白的場景。

我也一樣，有事要傾吐，不願再把醜事鎖在心門裡。我十五歲的時候，曾因傷害罪被捕。那天天色已晚，在強大的化學藥品作用下，我闖入鄰居家裡。慌亂之中，我推倒被我驚醒的鄰居，並且打傷了他。

每個人都對此難以置信。我高中時是模範生，還在家附近的超市打工，我的朋友都只對棒球和下棋有興趣。沒有人想得到會發生這種事情。

當晚我待在警察局的拘留室裡，直到隔天早上。我父母陪我站在法院前排，看著我被押入少年監獄。剛好有個幼時和我一起打棒球的男孩因爲持刀搶劫便利商店正在等候審判，我們兩人一起坐在拘留室裡，回憶著當年我們幾乎打入季後賽的日子。

由於我並不符合暴力傷害的案例，因此我從監獄轉入精神病院接受評估。我不斷贏得院裡定期舉辦的賓果比賽，因爲其他病人都有嚴重的精神問題，無法跟上叫出的號碼。另外，我還記得我曾請求醫生打破「白天不得看電視」的規定，讓我觀看那一季電視轉播的蒙特婁博覽會隊棒球賽。我和父親每年一定會親自前往奧林匹克運動場觀看主場開季賽，而那一年，是長久以來我和父親第一次沒有一起看比賽。

我接受了一連串的測驗，其中，最重要的是尿液檢驗。他們在我的尿液發現了高含量的甲基苯丙胺[42]，幾乎可以確定我能夠免於牢獄之災。最後，我被判社區服務和緩刑。

這件事讓我永遠改變。我的前科成爲全家不可告人的陰影。即使在少年保護法的規定下我的名字沒有被提及，可是左鄰右舍全都知道這件事情。我不敢直視任何人，因爲我知道他們都心知肚明，他們都譴責我。

我想，這也是我一直想要逃離的原因，逃離過去。我高中時身兼兩份工作，十九歲曾前往澳洲，但不到一年就被迫回家。我想，新聞工作應該是很好的逃避方式，我想要去香港工作；結果，家鄉的報社給了我非常好的待遇。在此之前，我曾一度志願前往東帝汶擔任保鑣工作。也就是說，我要和那些政客及牧師一起生活，共同對抗印尼政府、爭取獨

42 甲基苯丙胺（methamphetamine），或稱甲基安非他命、冰毒。微帶苦味，呈白色或無色，為結晶體或粉末狀，易溶於水，純度高達百分之九十五，是一種人工合成的興奮劑。

立，他們希望有西方人在場，如此一來，民兵部隊的行爲會比較節制，不至於太過殘暴。

現在回想起來，在我來到巴黎之前，冥冥中似乎有股力量，一直阻止我離開家鄉。我慢慢被重新接受。我向女友坦承部分犯罪細節，而她並未離棄我。有一次我在法院採訪一宗審判，看到了曾經爲我辯護的律師，事隔多年，但我們還是立刻認出彼此。我怕他會提及我的過去或表示不齒，結果他反而恭喜我現在的成就。最後，我鼓起勇氣打電話給被我打傷的鄰居，向他道歉。這是我一生中最困難的一通電話。不過，卻讓情況有了改善。

當時，我不確定我是否覺得自己已經支離破碎，可是現在回想起來，我的確需要修補自己。我不知道該怎麼面對我的過去，常常用錯方法，往往藉由拼命工作和沉迷酒精來忘卻不光采的記憶。這些錯誤的抉擇，導致我在十二月的那個晚上，害怕無助，獨自一人面對一個氣憤的男人來電威脅殺我，我的人生一片混亂。

關於我的傷害前科，之前我只完整地提及過一次。可是那天夜裡我們坐在橋下，在書店和新朋友的包圍之下，我感到前所未有的安全感，於是全盤托出。他們能夠了解，因爲他們知道，我們心中都有屬於自己的惡魔，我們都想把它趕走；我們都需要莎士比亞書店這樣的地方，才能做得到。

我的故事裡還有一件事，讓我至今依舊納悶巧合和命運的安排。剛剛說我之前只把我的前科完整提及過一次，但沒有說我告訴了誰。正是那個在十二月寒夜來電催命、把我逼到巴黎的男子。

既然我已經背信公布他的眞名，現在就讓我儘量簡短說明。他比我小幾歲，生長於城裡比較貧窮的地區。他很早就開始犯罪，後來成了警方口中的累犯。用江湖術語來說，他很「可靠」，信守諾言，不投靠警方，是個很理想的犯罪夥伴。他酗酒、嫖妓、打架，而且還在非洲認養了四個小孩，睡覺時，床墊下會放一本玫瑰經。

這名男子偶爾會想要改邪歸正，而爲了感謝他爲我的第二本書提供寶貴資訊，我答應幫他登記一家小公司。我們一起開車到市政府的途中，他顯得異常安靜，回答我的問題也很簡短。最後，他終於開口。

「我有事要問你。」

好的。

「你是否曾因爲性侵而入獄？」

性侵犯是最令人不齒的罪犯，在監獄裡，他們會被單獨居留，以免被其他獄友痛打。這男子在江湖上如此可靠，若是和性侵犯在一起，實在是很丟臉的事情。當他在車裡問我這個問題，我緊張的胃部絞痛，然後我在路邊停車。

「不，絕不是，」我說。然後，這是我第一次把我十五歲發生的事情，以及事後中傷和謠傳不斷的情況一五一十地說出來，

男子聽完我說的話，謹愼地看了我一眼，然後露出我這一輩子也不會忘記的燦爛笑容。

「天哪，你以前怎麼不說？」他大叫，然後開始用力地捶我的背。「不要緊的。」他赦免了我的罪，他是第一個讓我覺得我還算正常的人。儘管我們之間的糾紛，儘管我在書中背叛了他，儘管他在電話裡威脅我，我還是永遠為此感謝他。

26

我用我這串鑰匙開門，溜進書店，小心不吵醒睡在圖書室前方的阿布利米特。喬治無聲地道晚安後便上床睡覺，娜迪亞則不發一語地跟著我來到在這之前只有我一個人獨睡的故事間。

後來，我溫柔地親吻她的頸項。我們沒有怎麼交談，不過我對她承認稍早前我一直在忌妒那墨西哥模特兒。娜迪亞只是不解地看著我。

「他？」

她撥弄著我的嘴唇，說她有事要告訴我。那晚在酒吧，她的確對某個人有好感，但並不是那模特兒，而是瑪璐許卡。她用盡了一切藉口接近她、撫摸她的手臂。

「我告訴你沒有關係吧，是嗎？」她問。

我笑了，說當然沒關係，而事實上，我卻鬆了一口氣。當你的對手是異性時，對自尊心的打擊就小多了。我可以把一切歸咎於我的性別，讓我維持自尊。

「你知道，你絕對可以從克特的手中把她贏過來。」我小聲說。

她想到這一點就笑了，然後像隻貓咪一樣滿足地伏在我懷裡。我們就這樣睡著了，兩人擠在被小說書牆包圍的窄床上。

那時候，喬治幾乎每天都會像拿菜刀一樣揮舞著精裝書來鞭策我，在我的肩膀狠狠敲一記，強調想要了解這世界就要多多閱讀。在這些精闢的建議之下，我已經看完了幾十本古典小說，另外還看了好幾本政治史和社會主義本質方面的書。

以前跑新聞時，我總是儘量利用空閒時間來閱讀，可是時間根本不夠用。我會在每晚睡覺前翻閱幾頁，周末也能挪出幾個小時的閱讀時間，可是僅此而已。更糟糕的是，我是隨便選書來看，隨機探訪文學世界的零星角落，因此從來未能完全掌握作者與時代間的關係。

現在，我勉強可以跟上喬治一天一書的要求，而且有了他的推薦，我開始對於文學史有了通盤的了解。突然間，一度黑暗的世界開始出現光亮，一方面對於自己新獲得的知識感到驕傲自信，另一方面又對於我居然得花那麼久的時間才到這個境界趕到懊惱困窘。

我和娜迪亞的友誼為我的學習進度增添光采。有天下午，我們走過但丁路，看到一家商店在櫥窗上貼滿凱斯．哈林的卡通明信片。我坦承我從來沒有聽過這位成為沃荷門徒的普普藝術家，娜迪亞聽了非常訝異，於是決定要爲我上一堂藝術欣賞速成課。我還記得那晚她用充滿熱情的語調告訴我，一九一四年，馬賽爾．杜象[43]把他在店裡買來的金屬瓶架當成藝術來展示，徹底改變了藝術的每個面向。

「這是現成運動的肇端，」她表示，「你能想像他多有才華嗎？你能想像自己和他一樣打破所有舊制嗎？」

我說我可以，不過坦白說，我只要學習這些舊制就已經很滿足，這樣的夢想還是交給她去實現吧！

到了二月底，湯姆．潘卡克離開巴黎，繼續他的東向之旅。他離開美國時，原本打算去埃及，而就在幾個月前他到了摩洛哥，計畫去開羅找朋友。當時，他還不知道他會愛上蓋兒，因此原本愉快的啓程平添依依不捨的離情。湯姆爲了愛情，已經兩度延後出發時間，但最後兩人還是得淒楚的互道再見。

湯姆離開就表示蓋兒有更多時間待在書店，即使她的年紀比所有住客都小，但還是當起克特、娜迪亞、阿布利米特和我的大姊姊。她幾乎每天都帶著自己烘培的餅乾和精美三明治來訪，特殊場合時，她還會冒險邀請我們到大使館裡吃晚餐。

蓋兒在奧克蘭的時候，曾待過多家餐廳，最後在城裡一家很受歡迎的小飯館裡當廚師。當她看到紐西蘭駐巴黎大使館誠徵私人廚師的廣告時，彷彿進入了一場難以置信的美好夢境。大使館裡對於僱用一個才二十幾歲的小女孩有所質疑，再加上蓋兒留著一頭學生般的短髮，外表很難說服人，但最後她還是被錄取了。這份工作還免費提供赴巴黎機票，以及使館頂樓的公寓。一夕之間，蓋兒進入了歐洲外交圈裡迷人的世界。

大使館所在建築，是法國送給紐西蘭的禮物，以感謝對方在二次世紀大戰期間協助解放法國。它位於維克多・雨果廣場旁，離凱旋門只有幾條街，要到莎士比亞書店得走上很長一段路。我們沒有預算購買一張八法郎的地鐵票，所以每次接獲蓋兒熱情邀約，都得偷搭地鐵，這是克特的說法。

偷搭地鐵很容易，這也是窮人能在巴黎生活下去的另一個原因。有可以直接推開的入口、容易跳躍過去十字轉門，還有緩慢關閉的閘門、可以跟在付費客人後面進入。再加上售票亭裡的職員又不屬於地鐵公司編制，而且爲尊重同事的工作權，不願看守轉門，這讓免費搭乘更加容易。

進入閘門、上了火車，偶爾會遇到查票，可這不是什麼大問題。我會從地上撿起別人丟棄的車票，放在嘴裡咬幾下。查票員不願意碰沾滿口水的車票，因此通常都可以順利通

43 馬賽爾・杜象（Marcel Duchamp, 1887-1968），二十世紀實驗藝術的先驗，被譽為「現代藝術的守護神」。是一位法國藝術家，對於第二次世界大戰前的西方藝術有著重要的影響，達達主義及超現實主義的代表人物之一。

過。不過，即便逃票被抓，也不是什麼了不起的事情。你只要說你身上沒有錢，查票員就會把罰單寄給你。對於我們這些有幸沒有固定地址的人來說，罰單是永遠也收不到的。

我們得坐四號線、轉一號線，然後再轉二號線來到維克多．雨果廣場，接著，我們這些從莎士比亞書店來的客人，有特別的一套規則得小心謹守。首先，我們得裝做若無其事地在離使館稍遠的地方閒晃，不讓我們不修邊幅的外表被保全攝影機照到。然後，趁大使到別的房間時，蓋兒會打出特別信號——她堅持用奇異鳥的叫聲——我們就會迅速跑到前門，由她帶我們進入紐西蘭領地。最後，我們再快跑到建築後方的大廚房裡，這裡是廚房人員工作的地方，重要主客不會踏進一步。

娜迪亞、克特、阿布利米特和我一行人待在廚房很安全，我們會聽從蓋兒的精確指示，切菜、磨碎和攪拌。有一次，我在流理臺前站在她旁邊洗菜，看到她手臂上有一條長長的疤痕。

廚房意外？

「不，我還在家鄉時，騎摩托車出車禍。整個人被摔到橋邊，差點死掉。」

啊！

廚房工作結束後，我們會搭乘服務電梯到她位於大使館頂樓的公寓。吃飽後，大家輪流使用蓋兒的浴室洗澡和刮鬍子。有時候會有超過半打的書店難民過來，我們小聲談話、赤腳走路，以免打擾使館裡其他的公務住戶。

我最喜歡的是蓋兒爲紐西蘭黑勇士橄欖球隊籌備歡迎會那天。大使夫人非常擔心球員們個個都是大胃王，於是訂購了極大量的食物：芒果鴨沙拉、烤櫻桃番茄佐羊乳酪、鮭魚壽司、培根包黑棗、煙燻鱒魚、羊肉派，一盤又一盤的高卡路里美食。可是球員到達後，每個人都因爲慶祝前一晚打敗法國而喝得醉醺醺，食物吃得反而不多，留下大量剩菜。我們飢腸轆轆地下樓大吃特吃，而且還爲喬治打包了一大堆食物。

我和路克合作編輯喬治的紀念冊，因而越來越親密。我們忍受著喬治無理的要求和一日數變的心情，就像兩個學生忍受著同一位古怪的老師一樣，彼此的距離越來越近。

「禮拜一，喬治要這張照片染成黃色。禮拜二，他要把它染成紫色。禮拜三，又想把它染成橘色。」路克在某個周四晚間抱怨道：「現在他又想把照片染回黃色。你能相信嗎？」我當然相信。就在這四天，我親眼看到喬治把同一個句子重新寫了十一遍。

儘管有這些小煩惱，路克對於這份工作卻越來越入迷。他也像莎士比亞書店裡的所有人一樣，之所以來到這裡，是因爲不知道還能做什麼。有時候去古巴的想法會變得很強烈，他想在哈瓦那開一間英文書店；有時候他記起在巴西時構思的吸血鬼小說，而想動筆寫恐怖故事。現在，他興致高昂地編輯著紀念冊，有時會有成爲地下出版商的衝動。

路克是勁頭十足的讀者，而且很有批判精神，書店住客都喜歡找他評論他們寫的短篇故事。路克親眼看到記錄書店歷史有多簡單，於是開始構想創立一家出版公司，來記錄所有書店住客所寫的故事和自傳。

如果路克眞的把構想付諸實行，也不會是莎士比亞書店裡最厲害的出版者。在他之前，已經有托魯奇的《梅林文學》和方卻特的《雙城》，喬治也有無數次的出版經驗。近年來，則有卡爾．歐倫德，他是在路克之前的晚班經理。他在書店工作期間，創立了阿里斯康出版社，出版了許多翻譯和詩詞作品。

「我認爲要開始並不難，甚至已經想好了名字。」路克指著河對岸說道。

「你要把它叫做聖母院？」我問。

路克只是翻翻白眼。教堂前方有個金屬圓盤，做爲衡量到法國各地距離的起始點。如果你經過里昂，看到路標上寫著距巴黎四百五十九公里，就表示該地到教堂前的這一點距離剛好是四百五十九公里。因此，這個圓盤叫做「原點」，而我和路克現在所坐的書店櫃臺，正好就是巴黎的原點。

「原點，」我表示贊同，「很棒的名字。」

時序進入三月，我住在書店已經一個多月了，可是卻感覺時間過得很慢。沒有上班的例行公事或固定行程，生活變成流動的液體。在書店裡很容易忘記時間和日期，只知道我們度過了一個又一個快樂的上午、下午和晚上。

在犯罪的世界裡，有一個術語叫做「硬刑期」，是指在安全性極高的監獄裡服刑或者接受某種保護性拘留，對象主要是重刑犯、殺人犯和性侵犯。刑期的日子過得既慢又痛苦，等到最後終於被釋放，服刑者心中只剩下仇恨和不滿。

另一種完全不同的做法，是針對改造罪犯，地點是中、低度安全性的感化院。院裡有圖書館和健身房、高中程度的課程、還有地板曲棍球比賽。我參觀過的感化院裡，還有一家居然在鐵絲圍牆裡設了一座農場，獄友們在農地裡工作，生產院裡需要的水果、蔬菜和雞蛋。還有一座監獄裡的棒球隊居然在社區啤酒聯盟裡，獲得區域冠軍。這種方式叫做「軟刑期」，服刑中還能享有樂趣，時間比較容易度過。

在莎士比亞書店裡的時間，是我從未經歷過的柔軟。

27

我搬進莎士比亞書店後，一直有新住客陸續上門：什麼都沒交代就離開的義大利已婚女子；加拿大來的環保鬥士，他留宿的一個禮拜，不斷想說服喬治把書店變成公平交易商店；愛達荷州來的小喇叭手，留宿期間每天都會到塞納河橋下練習；來自奧克拉荷馬州、要到路德朝聖的耶穌迷，她看著她的男友一面抽大麻一面玩電動時，發現了上帝的存在；

一位年輕的社會學家，他交上來的自傳一開始是這麼寫的：「我父親十二歲時，他的父親給了他一本《聖經》；我十二歲時，我的父親給了我一本《共產黨宣言》。」

住客來來去去，書店裡像是舉辦著一場持續不斷的通宵派對，不過，它同時也扭曲了我們對於人類關係的正常觀感。我常常睜開眼睛時，看到一個陌生人在我面前換衣服，而我學會不小題大做。有時我從潘尼斯返回書店，會看到新來的住客在我的枕頭上熟睡到流口水，我所能做的，只是拿另一條被子給他。我常常在他們決定回到正常生活、前往下個目的地，或者因爲書店住的不舒服而準備離開時，才知道他們的姓名。

不過這段時間，有兩位住客很值得一提。一位是名叫史考特的年輕男子，他是從波士頓來的，很有抱負的作家。一頭黑髮、加上源源不絕的幽默感。他獲得華生研究獎學金訪問歐洲，而喬治對於他的研究印象非常深刻，因此邀請他無限期住在書店。

史考特的研究計畫是追尋華特．班雅明的腳步，這位哲學家被納粹趕出德國後，就來到巴黎。他想要寫一本關於兩人機緣的書，一位年輕人追隨哲學家褪色的腳步，思考出前人的智慧對於當前世界的價值。他已經花了好幾個月的時間在柏林進行研究，現在又來到巴黎尋找班雅明的足跡。史考特整段旅程最精采的部分，是今春即將造訪的南法偏遠山區，哲學家準備穿越庇里牛斯山前往西班牙途中被納粹走狗發現，就在這裡喪失了性命。

史考特剛住進莎士比亞書店時，他顯然對自己的研究計畫非常入迷。他熟知班雅明一切大大小小的事情，而且說服喬治訂購《華特．班雅明簡介》、《華特．班雅明選集》第一冊，一九一三到一九二六年、《華特．班雅明選集》第二冊，一九二七年到一九三四年，以及《華特．班雅明：經驗的色彩》，甚至還認爲這位哲學家是泡妞的好材料。雖然他有個女朋友在日本教英文，可是兩人關係不明，似乎可以各玩各的。每次有曖昧的情況發生，史考特就一定會提及班雅明。

有位豔光四射的丹麥女子來書店裡要求周末留宿，史考特爲她神魂顚倒。他甚至有幸讓這名女子半夜與他獨處。可是兩人最親密的時刻，他卻只想念《啓迪》給她聽。

「我想她有點困惑。」他事後承認。

另一位新住客是我的老朋友戴夫。我住在書店期間，我們一直在通信，他很想親眼看看莎士比亞書店。三月有一天，他背著背包突然出現在店門口，喬治非常親切地歡迎他。

戴夫之所以對這家書店特別好奇，是因爲他也想寫作。常有人說記者最後容易成爲失意的小說家，這也許有幾分道理。戴夫也認爲他可以離開他的商業記者工作，成爲另一位布瑞特．伊斯頓．艾利斯[44]。

---

44 布瑞特．伊斯頓．艾利斯（Bret Easton Ellis, 1964- ），美國作家，著名作品有《愛情磁場》（The Rules of Attraction）、《美國殺人魔》（American Psycho）等等（以上兩部皆改拍成電影）。

「有何不可？」他說：「人總得有夢想，不是嗎？」

那麼，他來對地方了。戴夫很快便適應新生活，他每天讀完該讀的書，與我和娜迪亞一起吃穀片和水果早餐，一起在塞納河橋下喝酒、分享心事。最難得的是，喬治要戴夫去做最骯髒的工作，也就是每年兩次用漂白水清洗樓梯間的廁所，戴夫一句怨言也沒有。

「報恩吧，我想。」他說完，一面把牆上乾掉的尿漬刮下來。

戴夫再度出現，就像是我的一面鏡子，我們都很驚訝自一月在聖心堂前相聚後，我居然已經改變了那麼多。變瘦、衣服破舊骯髒、雙眼因缺乏睡眠而無神。可是，卻更快樂了，他說。更好了。

一天早上，一臺紅色的雪鐵龍箱型車在毫無預警下突然停在書店門口，一位臉色紅潤的男人開始把一箱又一箱的圖書丟到廣場上。沒多久，書箱就堆得比一個籃球選手還要高，而且還沒堆完。整個過程中，有隻胸前有明顯白毛的黑狗高興地一直來往於貨車和書箱之間。

這男人是約翰，是旅遊書推銷員。他住在英國南部，有特殊關係可以買到大量的便宜書。英國各大出版商每個月都會接獲書店退回的幾萬本書。出版商爲省下分類和運回倉庫的成本，便把這些書集中起來拍賣。約翰連看都不看，就用每磅幾便士的價錢全部買下。打開書箱是一個接著一個的驚喜。有時候是上百本名人減肥書籍；有時則是像是艾力克斯·葛蘭的《海灘》這樣的暢銷小說，只因過度樂觀的行銷預估而超量印製。不過，多半是藝術書、歷史教課書和新小說，都是那些原本打算在拍賣後就要銷毀的東西。

約翰把這些書裝進他的紅色雪鐵龍，然後就帶著他的忠狗官恩上路了。他從巴塞隆納到尼斯，然後到巴黎，再返家；造訪各家英文書店，在學校書展裡設置攤位，而且一定會在莎士比亞書店停留，以期在此賣掉幾千本書，順便喝上幾瓶中國啤酒。

喬治像個船難者敲開椰子一樣地粗魯地翻著書箱。這些書共分成三種價位——五、十和二十五法郎——他會一一撕開箱子，高舉裡面的書，然後約翰會叫出價格。喬治把想要買的書堆在長椅上，所有的書店幫手——克特、娜迪亞、阿布利米特、史考特、戴夫和我——負責把這些書搬進店裡，趁還沒下雨之前，趕緊把它們擺到架上。

收銀臺前有個男人目瞪口呆地看著。「就像是把書當成垃圾一樣，一桶一桶地丟進來。」他說。

喬治聽到他這麼說，笑了。「可是看看這些男孩女孩一起努力工作的樣子，」他回答，「看著大家爲這家書店貢獻一己之力，眞是難得。」

買書行動的下一步，就是四處找錢。約翰的訂單通常高達上萬法郎，因此，喬治得到處搜尋他藏在書店各處的私房錢。他一直習慣把大把鈔票塞在書堆當中或他的枕頭下面，此時，他會讓約翰在樓下等待，而他近乎瘋狂地把它們一一找出來。有一次，他發現他最喜歡的藏錢之處已經被老鼠攻陷。一整疊面額兩百法郎的鈔票全都被咬碎，成了價值三千美元的老鼠窩。

「還好被咬碎的不是書，」喬治聳聳肩說道：「有一次，老鼠咬壞了我的《現代》雜誌收藏。」

找到錢、付清帳單後，喬治會擺桌犒賞所有幫忙的人。桌上有燉蔬菜、新鮮的法國麵包，當然還少不了啤酒。喬治會請我們這些幫手喝特價啤酒，而把青島啤酒留給約翰和他自己。幾年下來，這位書商已經學會拒絕喝第二瓶啤酒，以保安全開車回到英國。

在莎士比亞書店，每天都有類似的驚喜。除了書商約翰之外，還有一位曾在六〇年代住過書店的英國女人，不然就是有位匈牙利的記者想對喬治做電臺專訪。

有那麼多令人分心的事情，這表示原本非常容易達成的目標——在復活節前完成喬治的紀念冊——變得非常有挑戰性。每當我們打起精神準備工作時，就會有人敲門、要求進來住個幾天，或者是遊客想要跟喬治合照，或者辦公室窗外出現了某個壯觀的景致，讓我們非得放下手邊工作過去欣賞一番。有天下午，我正好說歹說要喬治趕快寫完紀念冊的文章時，他向窗外一瞥，看到有個父親帶著三個小孩正準備離開書店。父子四人穿著一樣的雨衣，快步向潘尼斯走去。

「看起來好像鴨子家族，小孩排成一排跟在爸爸後面。」喬治感嘆道：「這真是我在書店裡看過最美麗的畫面。」

他盯著樓下的父子，我想到了他的女兒，以及他們已經長年不曾共處。自從我知道雪維兒的存在後，便注意到書店裡有許多地方都和她有關聯。她的照片被放在喬治出版的自傳集封面，而這本書本身也是要獻給她的。除此之外，店裡也掛了許多雪維兒從小到大的照片。有沒有可能，儘管喬治創造了這麼一個文學殿堂，改變了千百人的一生，爲自己帶來極大名氣，但他內心深處還是充滿懊悔，只想享受家庭生活所帶來的簡單喜悅呢？我正猶豫是否該提出這麼敏感的問題時，喬治打發我走，回頭繼續盯著那男人和他的三個小孩。

喬治很擔心書店會被美國同業派來的間諜滲入，在這種情況下要完成任何事情就更加困難了。喬治規定，我們製作紀念冊時，辦公室的門一定要關緊，而且我和路克不得在別人面前提起這項計畫。喬治告訴我們，書店裡會有間諜來破壞他的努力。這種事從別人口中說出來，聽起來一定很瘋狂。可是喬治當年曾親身經歷便衣警探來找碴，正所謂一朝被蛇咬、十年怕草繩。

喬治在二次世界大戰後宣稱加入共產黨，被當局視爲麻煩製造者，美國政府更曾經設法阻止發歐洲簽證給他。他開書店後，開始公開批判美國軍事經濟與冷戰的謊言，情況變得更糟。據喬治說，在一九六〇年代，美國中情局幹員會定期上門聽他演講，寫報告舉發他公開反對越戰。喬治甚至還猜測，書店在當時曾一度被迫歇業是因爲美國的施壓。法國政府以喬治沒有繳交外國人在法國做生意的相關申請文件爲藉口，禁止莎士比亞書店繼續賣書。喬治的回應之道是繼續保持強勢，定期在店裡舉辦馬克思主義系列演講，開放圖書室，收留各種激進派分子，寫公開信給當時的法國文化部長安德烈．馬爾羅，請他加速審核申請文件。他努力了一年多，終於戰勝法國行政官僚巨獸，獲得了營業執照。

我看過喬治一九六〇年代的檔案資料，不難想像他在那個偏執的年代，成爲中情局調查員的調查對象。可是現在？

「你太天眞了吧？」喬治道，並且說出了一個女人的名字，說她一直是莎士比亞書店的常客。她定期來訪，參加茶會，告訴人們她有多尊敬和欣賞喬治。我以爲她是個好人，因爲她還常常請我到潘尼斯喝咖啡。可是喬治卻搖搖頭。

「你以爲她哪裡來的錢呢？」他責備道：「當然是美國政府提供！她是中情局的人！」

可是，最拖累進度的因素是伊芙。有天早上，我看到喬治坐在辦公桌前拿著鉛筆在紙上振筆疾書。我希望那是紀念冊文章的定稿，結果，我想越過他肩膀偷看時，卻把我趕走。他顯然很緊張，我不死心地問他，最後喬治承認他愛上了伊芙。

「愛？」

「不是我，是她先開始的！」喬治堅稱，「她總是用甜美的笑容看著我。就這麼發生了。」

我提醒他，伊芙今年只有二十歲，比他整整小了六十六歲，喬治嗤之以鼻。他對於性關係不感興趣，他已經太老了。他只想追求愛情。他的祖父臨終前有個年輕的護士爲伴，喬治相信，能和一個年輕貌美的女子相守餘生是非常榮幸的事情。接著，他拿起紙張，說他寫了一些特別的東西，名爲「伊芙莉娜」。

我願我是如妳一般年輕貌美的女子
頭戴花朵、迷你裙搖曳
我會用微笑當武器
讓男人像我一樣被擄掠

我會歌唱、詠嘆
我會大笑、哭泣
我會讓你看清我的每個部分
我的酒窩、我的骨骼

可是，若你說我愛你、我會說再見
另尋下一個男人來征服

喬治用充滿希望的眼神問我她會不會喜歡，我要他放心，她一定會非常高興。我知道伊芙非常享受於喬治的寵愛，而且也非常喜歡莎士比亞書店。也許他們兩人眞能來電。不能怪我如此樂觀，我身邊有娜迪亞，我相信愛情，也相信書店裡會有奇蹟。什麼事都可能發生。

28

星期六，克特幫喬治跑腿到艾德商店，購物單上其中一樣東西，是隔天茶會要用的糖。克特買了一盒方糖回來，喬治爲此大怒。

「方糖比糖粉貴了一毛三之多，」喬治大叫，「你這低能！你什麼都不懂嗎？」

可是，這個連一毛三都要計較的人，自己卻常常因爲疏忽而損失好幾千元。除了老鼠吃掉了爲數不小的鈔票外，喬治常常忘了自己藏在書頁的錢，或不小心讓一疊鈔票從褲子口袋的破洞掉出來、或者心不在焉離開收銀臺，讓收銀機抽屜開著，眼看著小偷把錢偷光。

有天晚上，我和喬治在樓上公寓吃飯，他脫外套時，從內袋掉出好幾綑一百元大鈔。那麼一大筆錢讓我緊張不已，於是急著把它們撿起來，但喬治卻笑一笑，把這幾千法郎的鈔票隨手塞在沙發墊底下。

「如果你太在意這種細節，它會毀了你的一生。」他表示。

有一次，我和喬治正在尋找紀念冊用的老照片時，發生了一件令我匪夷所思的事。我們在某個檔案箱找到了喬治的舊皮夾，裡面還有一千四百法郎。他把鈔票交給我，好讓他能繼續工作。工作結束後，我準備把錢還給他。他對我搖搖手說以後再還。我以爲他是指下午再說，可是等我稍後再拿給他時，他看著我，好像我是傻瓜一樣。我不知道喬治是否清楚我的財務狀況，不過，我想他從那個可笑的故事攤生意看出了端倪，看起來，他是想幫助我。

我把這綑錢放進口袋裡，高興地想著我可以去洗衣店洗衣服，吃一頓精緻的午餐，幾個禮拜不用愁。喬治總共給過我兩次錢，這是第一次。

有一天，娜迪亞興匆匆地從附近的網路咖啡跑回書店，宣布了一個好消息。她的雕塑作品被布魯克林一家畫廊選爲年輕藝術家展覽作品。這是很榮幸的事情，她決定使用信用卡最大額度，買機票回去參加開幕典禮。

「這是個大好機會。」她一面說著，一面興奮地親吻阿布利米特和克特，而我不禁留意瑪璐許卡反應，她剛好來店裡陪琵雅聊天。

娜迪亞入選的雕塑，是幾個帽盒大小的立方體，四面貼著男人或女人身體的部位。有多毛的背部、纖瘦的手肘、性感的大腿、生皺的男人生殖器。這是場公開徵選，參賽者必須設計出他們自己的性創作。

娜迪亞非常喜歡這樣的創作方向，這樣一個在性方面有如此豐富構想的女人，讓我開始享受於和她的約會。她要飛往紐約的那個下午，她輕吻了我，並給我一張揉皺的紙條。上面寫著：「我體內的男人愛著你體內的女人。」我更加深陷。似乎每個人都有事忙著。克特宣布要搭乘破爛的巴士，坐七個小時到摩洛哥。

自從娜迪亞和我的關係親密起來後，克特又開始在書店裡獵豔，想找個屬於自己的女朋友。最後，克特選中了一個年輕的法國女人，她有天體物理學的學位、留著平頭、喜歡在身體上穿環。

「她是我的墮落天使。」克特介紹她時對我說道。

有了新女朋友相伴，克特終於經不起書店一位常客長久熱情的邀請，決定到埃索委拉海邊遊玩。克里斯・庫克・基爾摩是個年紀很大的海灘時髦客，他把一頭灰髮留長，還常常戴著太陽眼鏡。一九七〇年代，他因爲走私五公斤的大麻到義大利，而被囚禁在羅馬的瑞比比亞監獄，卻在獄中因文采而聲名大噪。在十七個月的鐵窗日子中，克里斯寫了許多短篇故事，他的母親把他的作品拿給紐約的文學書版社過目。結果，對方與他簽了合約，出版了備受好評的第一部小說，《大西洋城證據》，內容是關於一段走私歷險。小說內容不但被英國國家廣播公司製做成廣播劇，還被翻譯成義大利文。

初試啼聲一鳴驚人後，克里斯又陸續寫了二十幾本書，有些出版、有些沒有出版。他在不同的季節，會分別住在三個不同國家。夏秋之際，他和母親住在紐澤西海岸外、阿布西肯島上的馬爾給特市。他家離海灘只有一條街，往上再走幾英里，就是大西洋城賭場。冬天則住到埃索委拉，也就是摩洛哥西北岸的一座城鎮，吉米・罕醉克斯[45]曾在這裡演奏。至於春天，就來到巴黎，或者說得更詳細一點，是莎士比亞書店三樓的公寓。當克里斯在一月份前往摩洛哥途中路過莎士比亞書店時，會邀請大家一同前往、住在他的旅館，如今克特準備和這位老作家到非洲度假。

「這個人和保羅・包爾斯很熟。」克特說，似乎光是這個原因，就夠他決定前往了。

45 吉米・罕醉克斯（Jimi Hendrix, 1942-1970），美國吉他手、歌手與作曲家，搖滾史上最具影響力的吉他樂手之一，最初在英國成名，一九六七年六月在二十萬人次的Monterey Pop Festival表演，享譽全球。

有了墮落天使幫忙貼補車費，克特在娜迪亞前往紐約不久也去了埃索委拉。我先後在加利耶尼車站爲他們送行，突然發現，書店的生活一下子變得非常安靜。

從我和賽門第一晚在收藏室談話時的容忍態度，以及之前我在加拿大種植大麻的小小投資，應該可以明顯看出，我並不反對服用少量的麻醉藥來達到娛樂的目的。事實上，我甚至還感謝大麻把我推上救贖之路。

報社工作的黑暗期，我喝酒過量，關於我酗酒問題最糟糕的記憶，就是一九七七年我撞爛了我的林肯大陸房車。這是我被報社錄取正職時，買給自己當禮物的夢想之車。粉藍的車身閃著鍍鉻的光芒，還有原裝八聲道音響，整臺車比兩臺國民車加在一起還要長。它一個禮拜要吃掉五十美元的汽油，雨天無法發動，而且常常故障，修理費不貲，可是我徹頭徹尾地喜歡它。

事故發生的那一晚，我已經在朋友的單身派對上喝得爛醉，正準備開車回家，就在離我住的公寓只有一條街的十字路口，看到了許多三角錐。這些三角錐是用來警示馬路上油漆未乾，我不假思索便衝上去。接著，我緊急煞車、發出刺耳的聲音，我從後照鏡看去，驕傲地發現我只壓到一點油漆，而且只留下一個三角錐沒有撞倒。正當我準備倒車、完成全倒的任務時，我轉頭向肩膀後方看了一眼，有輛警車停在路邊。

我加速離開，警車在後面跟隨。我以時速五十五英里高速向我家停車場開去，在完全沒有煞車的情況下橫衝直撞進入我的停車格。我心愛的林肯直接撞上一棵橡樹，像喝醉酒一般斜倒在樹前。警察在我後方安安穩穩地停了車。

我搖搖擺擺從車裡爬出來，慢慢離開警車兩步，然後迅速遁入樹叢裡。快跑過一條街，又跳過兩道籬笆後，我來到我公寓大樓的側門。我安全地走進家門，躲在衣櫥裡一堆髒襯衫底下，電話響個不停，門鈴震天價響。我一直到早晨才走出衣櫃。

我的愛車在人行道旁爛成一團，亮麗的鍍鉻變成刺眼的白鐵刮痕。儘管警察幾分鐘後就從我的車牌追蹤到我的住所，可是他們沒有搜索票，不得其門而入。還好酒駕必須當場逮捕，因此我不用入獄，保住了我在報社的地位。

這還是比較輕微的酒後意外。

我如果不是在跑新聞時認識了我的女友，我很可能一直不知道該如何對抗這個自我毀滅的惡習。她是個心靈平靜的人，也是大麻的使用者，我透過她，才開始體會到這種毒品的鎮定效果。在這之前，我從啤酒當中尋求刺激；和她在一起時，我不喝酒，改抽大麻。感到更放鬆，對酒精的欲求明顯降低，我的夜生活也不再像以前那麼暴力。

這項發現並不令我意外。我跑新聞時和警察走得很近，了解到酒精是他們最不喜歡的麻醉品，全世界的警察寧願面對陷入幻覺的吸毒犯，也不願處理胡言亂語的醉漢。我認識的一個典獄長甚至坦承，若有人夾帶毒品入監時，他會睜一隻眼閉一隻眼，因爲毒品對於囚犯有安撫作用。可是若想夾帶酒類，一定會被揪出來單獨囚禁，忍受酒癮發作之苦。

我的個性變化之大，身邊友人很快地將之分爲大麻前與大麻後時代，而大家全都喜歡後者。有了先前那些經歷，我很快就決定讓大麻進入我的生活，等到日後找到更好的處理機制再說。

巧的是，戴夫也有相同的喜好，只不過他吸食大麻是爲了體驗人生，而不把它當成深奧的治療形式。如今我們再度相遇，克特和娜迪亞又不在，我們很快重拾舊時喜好，並且上街尋求大麻來源。

巴黎最棒的公開大麻市場是夏特雷北邊市立公園裡的赫勒市場。這裡以往是規模龐大的果菜市場，電影《夜色溫柔》[46]裡就有一幕是一群飲酒作樂的人在黎明時分駕著廂型車開進赫勒市場。只可惜一九六〇年有家建商取得許可，在市場下方大興土木，蓋了一座購物中心。如今，地底下充斥著數百家服裝店、CD店和氣味濃厚的速食店，就像但丁筆下的地獄之圈一樣。

市政府在購物中心上方蓋了這座赫勒公園。在這裡，可以看到幾個老人在玩滾球遊戲，幾個勇敢的保姆推著兒童車來散步，還有幾十家攤販賣著各種商品，其中包括一綑一百和兩百法郎不等的摩洛哥大麻。

有天下午，我和戴夫趁早來到赫勒市場，使用全球通用的毒品交易方式，在公園裡繞圈子，看看有誰想要吸引我們的注意。兩個年輕人刻意在繞圈子意圖實在非常明顯，沒多久，就有很多位毒販爭相吸引我們的注意。我們停在馬諦斯雙手捧頭的雕像旁，那裡有個小販。

「你在找什麼嗎？」

我們點頭。於是，那男子拿出針尖大小的大麻。我拿起它，被高額的要價嚇了一跳。

「才那麼少一點。」我試著用我的破爛法文說道，然後把它還給對方，希望有討價還價的機會，那男人卻向前在我頭上打了一拳。

我蹣跚後退，勉強躲過第二拳，而戴夫早已倉皇逃開，他用力地揮舞著雙臂。

「你居然敢討價還價？」戴夫一面說一面往後看，確定沒有人跟上來。「我們不了解這裡的行事風格！」

我揉揉我的太陽穴，承認自己是有點冒昧。我們又逛了一圈，這一次選上了一個穿著愛迪達連身裝的男子。他的大麻被切成義大利麵條般的細長枝條，並且用玻璃紙緊緊包住，我們無法聞聞氣味。不過，有了先前的經驗，我什麼都不敢抱怨就走開了，對於自己在巴黎第一次買毒品的成果感到相當滿意。

46 夜色溫柔（Tender Is the Night），一九六二年美國電影，改編自費茲傑羅的同名小說。

幾天後，戴夫前往奧地利山上、親戚的農場撰寫他的大作，我又孤獨一人了。有天晚上，我坐在櫻桃樹下的長椅，正在想像著和娜迪亞重逢的歡樂景象，此時賽門憂心忡忡地走過來。

「吉蒂好像死了。」他用沙啞的聲音說道。

吉蒂一直是喬治和賽門爭執不下的對象。喬治認爲吉蒂應該發展生存本能，所以每隔兩天才餵牠一次，讓牠能夠自己學會在附近公園抓鳥類和老鼠來吃。可是賽門卻非常反對把寵物變成野獸的做法，所以每天晚上都會偷偷把吉蒂帶進收藏室，餵牠東西吃。兩個人都堅信自己的方式來是正確的，都認爲這隻貓比較喜歡自己。

賽門拉著我的手，走到聖夏克街上、突伊的三明治女王店附近。一輛貨車下面，有一隻被車撞死的黑貓。我們在屍體旁邊蹲下來，看不出牠到底是不是吉蒂。毛色是一樣的，但就是有什麼地方不對勁。最後，賽門伸手摸了這隻死動物的尾巴，看看上面有沒有吉蒂的名牌。還好沒有，於是我們鬆了一口氣。可是我們兩個坐在那裡，彎身看著一隻死掉的黑貓，我不禁納悶這是否是個不祥的預兆。

29

自從來到莎士比亞書店後，我在喬治非正式的階級觀裡一直備受禮遇。我得到一串書店的鑰匙，受邀上樓吃飯，不管是他想再買一間公寓、有人想收購書店，或者是他有多愛他失去的女兒，我都是他傾吐秘密的對象。可是，突然間，我失寵了。

從外表來看，史考特和莎士比亞書店其他住客沒什麼兩樣。他一個禮拜沒洗澡、因睡眠不足而雙眼泛紅、口袋裡塞滿了班雅明的研究筆記。可是，不知怎麼的，才短短幾個禮拜的時間，他就取代了我，成了喬治的頭號助手。每天第一個醒來開店的是史考特，琵雅或蘇菲喝下午茶時幫忙代班的也是史考特，空閒時把故事間裡的書全部依照字母順序排列整齊的還是史考特。

喬治像個驕傲的父親一樣，看著史考特的表現，而且從來不會錯過稱讚他的機會。喬治會告訴遊客史考特是卓越的學者、文壇的明日之星，或者簡單的說他是個優秀人才，說法依時間不同而定。史考特用眞摯的笑容享受這一切。

我的心裡產生了近乎忌妒的情緒。我從不曾眞正擔心我在莎士比亞書店的地位，可是現在疑慮開始出現。我還記得我剛來的時候，艾斯特班的反應。不知道我對於史考特是否有同樣的感受。

喬治準備前往倫敦參加一年一次的書展，就在他出發前，遺失了火車票、書展邀請函和護照，此時，我又有了表現的機會。我對於喬治所有亂放東西之處已經瞭若指掌，因此，很快就在企鵝出版社的一疊發票當中找到了這些重要文件。就在我對於自己的表現驕傲不已時，喬治卻邀請史考特在他待在倫敦期間可以睡在他的臥室，這對我來說更是雙重打擊。

「他是認眞的作家，他需要安靜的地方來工作，」喬治看到我的失望表情時說道：「反正你們這些煽動者花太多時間在河邊喝酒了。」

也許那隻死黑貓眞的帶來厄運。經過好幾個禮拜的等待，賽門的手機終於響了，可是得到的不是他要的答案。

「他們要把合約簽給另一個更有經驗的譯者，」他鬱鬱寡歡地告訴我，「這些人根本不重視藝術。他們明明知道我是翻譯克勞德．西蒙的最佳人選，可是他們卻只想找個有聲望、有學歷的譯者，來大肆宣傳一番。」

我們坐在潘尼斯的吧臺前面，可是店裡的氣氛似乎有些低迷。賽門發現阿莫斯躺在地上，根本懶得站起來跟我們示好。有個服務生告訴我們，這隻狗最近被發現糞便有血，店主人正準備打電話給獸醫。

丟了翻譯合約，再加上一隻生病的狗，已經讓賽門夠沮喪的了，可是最讓他害怕的，還是他聽到我在書店已經失寵的事情。自從我和賽門說好共用收藏室後，喬治就不曾提起要賽門離開的事情。這詩人把它可以繼續留下這件事歸功於我的魅力，如今，他又開始擔心即將流離失所。

「我想，如果眞是這樣，他們會發現我的屍體漂流在塞納河上。」他含糊地說著。

我一心期待娜迪亞從紐約返回後能挽救頹勢，可是情勢急轉直下。書店裡寒冷的夜晚、長期睡眠不足，再加上我飲食隨便，身體終於招架不住，被書店裡的病毒入侵。重感冒讓我頭暈目眩，我連機場差點都去不了，更別提要準時接機了。娜迪亞一開始對於我的遲到非常沮喪，後來看到病懨懨的我對於我們的重逢一點都不興奮，便徹底絕望。

娜迪亞回到現實世界後產生了一種距離感。雖然畫廊展覽非常成功，可是這也提醒了她，藝術是不能脫離現實的。她感到建立自己人際關係的壓力在心中刺痛，並且質疑住在書店裡是爲了什麼。雖然娜迪亞非常喜歡莎士比亞書店的革命情感和精神，可是這裡完全沒有獨處的時間和空間來進行創作。我至少在白天和傍晚還能獨享收藏室，而克特在書店裡也沉浸於金魚缸一般的寫作世界，可是，對於娜迪亞這樣需要獨處、創作藝術的人來說，公社生活越來越讓她喘不過氣來。

偷竊一直是個問題，而且喬治把店裡的錢隨手亂放的事情，附近的宵小都很清楚。有幾十個小偷會固定上門，在圖書裡尋找喬治亂放的鈔票，或者在收銀臺前等著喬治不經意離開。很少會有不被小偷光顧的時候。

有許多關於書店竊盜的傳聞：有個年輕的比利時人在百科全書後面發現三萬法郎的鈔票，於是拿著這筆錢到尼泊爾山上過了一年；兩個吸食海洛因的西班牙人，靠著喬治隨手亂放的錢，持續買了五年的毒品；一名默默無名的美國詩人在書店關門時躲在桌子底下，夜晚趁大家熟睡時，搜括出一大筆錢。

更悲哀的是，還有內賊。喬治不僅信任陌生人來店留宿，甚至會請他們看店。店裡沒有會計系統，收銀機的按鈕也多半失靈，要從收銀機裡偷錢實在是太容易了。就像一位前住客曾說的，要扭曲喬治的名言並不難，「竭力奉獻，取之當取。」

另外，有一晚我和路克談論書的內容時，發現店裡偶爾還會遇到比較暴力的搶劫。路克穿著體面、一身時髦的西裝，正在讀著各界對於尼爾森．艾格林《金臂人》的評價。艾格林生長於芝加哥，曾參加過二次世界大戰，與西蒙．波娃的一場戀愛談得轟轟烈烈，更重要的是，他寫得一手好文章。《金臂人》是美國第一本描寫海洛因毒癮、刻畫芝加哥街頭暴力的書。路克說，當好萊塢把這本書拍成電影時，鎖定法蘭克．辛納屈當主角，艾格林指出他太弱、不適合這個角色，卻被指控暴力相向、而慘遭逐出片廠。

故事說到一半，路克注意到關店時間將至，於是上樓確認沒有顧客還留在圖書室。他才離開一、兩分鐘，就有四個年輕男人強行進入店裡。其中一人拉起襯衫，露出插在褲腰帶上長長的彎刀。然後，他抽出刀子指著收銀機。

我像個小女孩似的大叫。然後，拔腿就跑。

「路克！路克！路克！有人亮出刀子。」我一面叫喊一面跑進德文區。

可是，此時我鼓起這輩子最大的勇氣，停下腳步，打定主意要守護收銀機。我轉身準備向前走，看到一個最近剛理光頭的作家正在瀏覽藝術書，他的新髮型讓他看起來很像行刑隊員，於是我靈光乍現，拉著他一起跑到前廳，那幾個年輕男子正拿著刀子搜括收銀機。

「後退！」我大叫。這一次，我的聲音比較不像女生了。

不知是因爲我突然再度出現、還是因爲光頭作家看似殘暴的臉孔，這些男子還眞的後退了。他們站在那裡、正感不知所措之際，路克突然出現在前廊，他是一路從樓上跑下來，要攔阻侵入者。他手上揮舞著一長條木板。

「刀子在哪？」他面露憤怒。

對方人馬很快決定此店不宜搶，於是逃之夭夭。雖然我們都在發抖，但個個抬頭挺胸，互相稱讚彼此的男子氣概。

喬治從倫敦回來後情況更糟糕了。一天下午，他和伊芙一起吃完午餐後，他滿臉怒容來找我。

「你爲什麼要告訴她書店差點被搶的事情呢？」他問。

因爲這是個好故事，因爲過程很精采，因爲我覺得我回頭對抗竊賊這件事能讓我顯得很勇敢。

「這太笨了，太笨了！現在她怕得不敢住進來。」他叫喊著說，然後氣憤地走開。

幾天後，我正在寫信給加拿大的友人時，被喬治抓個正著。我用的是莎士比亞書店的明信片，而且還因爲不小心拼錯了幾個字而撕掉了一張。喬治鄙視一切浪費行爲，他找到被撕毀的明信片時自然大發雷霆。

「你難道不知道我們剩下的明信片已經不多了嗎？你不能放尊重一點嗎？」

不過，最糟糕的，是我忙著排列詩集順序的那個早上。史考特坐在書桌前，喬治給他一杯熱騰騰的咖啡和還算很新鮮的甜甜圈，卻完全忽視我的存在。最後，喬治終於記起我也在書店裡工作，但他只是過來檢查我的工作成果。

「你全部都排錯了，」他說：「你把順序搞亂了。」

我試著告訴他我才做了一半，布萊克和布朗寧之所以會放在兩個修斯的旁邊，是因爲艾略特和弗洛斯特還沒有上架，可是，喬治拒絕聆聽。

「你不在乎這地方。你想毀了我。」

我想，人們多半都有發飆的門檻，也許我的門檻特別低，因爲此時我勃然大怒。這是第一次也是唯一一次，我對喬治大小聲。

「你爲什麼不耐心一點？」我大叫，「如果你不喜歡我做的，你自己來做。」

我用力甩上書店大門，到西堤島上繞了三圈，不斷咒罵喬治和書店。最後，我的氣消了，取而代之的，是不祥的危機感。我的處境非常不妙，我將有三個選擇：淪爲街友、住進收容所，或者打電話跟家人要錢。三種都一樣糟糕。

在這樣的情況下，我在喬治桌上放了一塊他最喜歡的檸檬蛋白派來示好，同時還去請教阿布利米特。意外的是，當我告訴他事情的經過，他居然笑了。喬治這個人，他說，一向喜新厭舊。新人總是對莎士比亞書店展現熱愛，爲書店帶來熱情和精力，像空白畫布一樣吸引人。長久住客並非失寵，只是沒有像剛來時那麼光芒四射。喬治是喜歡光芒的人。

就連阿布利米特也有類似的經歷。他在十二個多月剛到書店時，喬治把他當成王子來對待，煮飯時總有他一份，而且還讓他睡在三樓公寓。有八個禮拜的時間，阿布利米特和喬治相處十分融洽，可是有一天，阿布利米特從喬治的眉毛和音調中察覺到對他的不滿，於是他連問都不問，就自己搬下樓，不讓喬治覺得礙眼，並且從此改到學生餐廳吃飯。

「喬治，他什麼都不說。你得自己察覺，」阿布利米特建議，「新人總是備受禮遇，可是像我們這樣的老朋友才眞正了解喬治。」

這些話令人安心，但我的安全感已經慢慢流失。

30

我的救贖從一位愛爾蘭女士造訪書店後展開。那是四月初寒冷的晚上，我正在收藏室書桌前振筆疾書。自從我失寵後，就急於想要完成我的小說，心想如果能賣個幾千塊錢，我就可以不再看喬治陰晴不定的臉色。我正這樣幻想著，此時，窗外出現一陣緊急的敲打聲。

打開門，看到一個矮小的女人，她說她是愛爾蘭駐巴黎大使館的專員。他有非常重要的訊息要傳達給賽門。這位詩人住在這裡嗎？

我請女人進來坐下，這才聽到了一件很棒的消息。賽門被邀請到南愛爾蘭丁格爾鎮的文學慶典上朗讀作品。事實上，慶典還有不到兩個禮拜就要展開，籌畫委員會已經對外宣稱莎士比亞書店的留宿詩人會來到現場，此時正發狂似地想要找到他。委員會先後寄了三次邀請函，可是，他們不知道，寄信來書店，簡直就像是把信裝入瓶中、放入愛爾蘭海漂流一樣。寄到書店裡的信件總是被亂放、被遺忘、甚或被好奇的喬治拆開來看。

這名愛爾蘭女士說，如果賽門同意到現場朗讀詩作，他們會提供旅遊津貼以及在丁格爾的一切食宿費用。她不諱言現在通知已經太晚，可是還是希望詩人能夠首肯。若能邀請到那麼有才華的人，將是丁格爾的榮幸。她說完，便起身離開。

「我眞不敢相信，」賽門興奮地說：「詩人的國度！我連愛爾蘭都沒去過，英國人欺壓愛爾蘭人那麼久，我從來就沒有勇氣踏上他們的土地。」

此次邀請是另一位詩人促成的，這個人在一年前經過書店，對賽門的作品非常激賞。雖然賽門對於自己的作品非常有自信，可是他一直以爲要到死後才會獲得應有的賞識。不過，此次應邀在丁格爾文學慶典上朗讀，現場嘉賓將包括愛爾蘭詩詞主席、以及在英國出版了山繆·貝克特和亨利·米勒的那個人，他不用等到死後，就有可能成名了。在這種情況下，賽門當然順理成章地打開可待因和無酒精啤酒，好好慶祝一番。

賽門的好心情持續了將近一天，接著，壓力慢慢啃蝕他的心。他準備好去愛爾蘭了嗎？這個奧斯卡·王爾德和威廉·崔佛的故鄉？這個在十鎊鈔票上印有詹姆斯·喬伊斯的肖像、而且詩人不用繳稅的國度？

讓事情更複雜的是，賽門根本不知道要如何前往。丁格爾人口不到兩千，坐落於愛爾蘭西南方偏僻的角落，曾因一隻善解人意的海豚在該地海灣停留而聲名大噪。到該地最便宜的機票，都是津貼的兩倍價錢，於是他開始用這一點當作無法參加的藉口。最後，他心煩得不得了，居然想用防止自己再度酗酒來當做拒絕參加的理由。

「愛爾蘭有一大堆酒鬼，它簡直是醉漢之國，」他說：「我已經能想像和其他詩人留連酒吧的情形。我怎麼能去呢？」

就在這個時候，我們領會到這其實是個一石多鳥的辦法。我需要離開喬治一段時間，我嚮往像克特到摩洛哥一樣的文學冒險，卻又陷入經濟困境。我想要幫助賽門把握這個偉大的表現機會。雖然我不光采地離開報社，但和幾位編輯還保有不錯的關係，於是，我提議寫一篇文章報導賽門的漂泊歷程，讓他們登在周末雜誌上。我賺到的稿費不但可以資助賽門的旅費，還夠我一同前往，幫助他抵抗酒精的誘惑。

我們告訴喬治我們要離開一個禮拜，他非常震驚。不管喬治對我們有多兇，他還是不喜歡看到朋友離開。在過去，他還曾沒收住客的機票和護照，不讓他們離開。現在克特走了，家族裡又有兩位成員要離開，儘管只有一個禮拜，他還是不好受。

「你們這兩個懶鬼，」他發牢騷，「拿著津貼去愛爾蘭吧！你們應該要好好當作家的。」

其實，喬治心底深處對於這個長期躲藏在他家裡的詩人能夠一夕成名，是非常高興的。喬治一直計較著他留宿過的人是否成名，而且報章雜誌上所有宣揚他書店的文章，他都保存了起來。如今賽門受到國際詩壇讚譽，再加上我的報導，喬治開始把賽門叫做拉丁區的文學巨擘。

我們離開前，喬治指導我們如何打包行李。他曾經只帶著一件換洗襯衫、一隻牙刷和一本書環遊全世界。除了身上那件外套，沒有什麼是非帶不可的。

「佛林蓋堤也是這樣。」他一面告訴我一面把我旅行袋中多餘的襪子和一瓶洗髮精拿出來。

我們出發的日子是復活節星期日，賽門認爲這樣的巧合有其重大意義。也許他會像耶穌基督一樣，從文學寂土中復活。我們準備出門去坐火車時，喬治簡直把我們當成了要上戰場的士兵。除了準備了明顯比平常好吃太多的鬆餅之外，還有雞蛋、培根、香腸、馬鈴薯和現榨果汁。早餐結束前，喬治舉杯敬賽門，我們也全都高舉杯子。接著，河對岸的聖母院響起了復活節鐘聲，娜迪亞給我甜蜜的一吻，我和賽門便出發到地鐵站，展開我們的旅程。

我們前往慶典的路線是一個橢圓形，先搭火車到法國北邊的瑟堡，然後在羅斯萊爾港乘坐夜間渡輪到愛爾蘭，坐巴士到科克，再轉車到丁格爾。光是單程就要花掉四十個小時，可是整段路程的旅費只比主辦單位的補助多了幾百法郎。

開始的時候一切順利，復活節周日一大早，前往聖拉查車站的地鐵上沒什麼人，火車上也很容易找到座位。北上的時候，賽門看著滿山遍野的黃花目瞪口呆。「那是梵谷的顏色，」他說：「你知道嗎？從某些方面，我也很像梵谷——畢生窮愁潦倒，活著的時候無人賞識。」

我們抵達瑟堡後，離渡輪啓航還要三個小時。賽門在港口焦慮地來回踱步。他凝視著英吉利海峽灰色的海水，然後突然轉身、伸手在旅行袋裡搜括。

「我需要喝一杯。」他表示。

賽門從六瓶裝的無酒精啤酒中拉出一瓶，順便又找出了可待因。顯然喬治沒有檢查這位詩人的行李。看著他大口灌下啤酒，我不免有些擔心，這只不過是整個旅程的第一天，而且還不到中午呢！

「諾曼第號」緩慢進港，這眞是一艘大船。有十一座甲板、重達兩萬八千噸，還有可供千人住宿的房間。我和賽門訂的是最便宜的艙等，我們的房間位於第一層甲板，就在貨運車輛和海平面的上方。賽門看著擁擠的房間和狹窄的床鋪，又開了一罐無酒精啤酒。

隔天早上，我們到達了位於懸崖峭壁間的羅斯萊爾港，趕搭往西的巴士。每輛巴士都有一個基督教的名字，而我們搭乘的那一臺正巧叫做賽門。「老天眞是會開玩笑。」上車時賽門嘀咕著。

我們往西行進，一路上讚嘆於鄉間無邊無際的綠野。當天下午順利在科克轉車後，更蒼鬱的山坡映入眼簾，雖然此時我們已經趕了三十五小時的路，但我們都希望巴士能夠開慢一點，好讓我們把眼前的美景看個夠。當晚剛過十一點，我們離開書店已經超過三十九個小時，終於到了丁格爾公車站。

我們的房間就在海灣上方，從窗戶看出去，可以看到每天早上外出撒網的漁船。整座城鎮小的可以，從這一頭走到那一頭不用一個小時，從各處走到海灣都只有三到五條街的距離。賽門爲朗讀的事情焦慮發愁時，我多半在丘陵上散步，或者坐在酒吧裡享受一大杯健力士啤酒配海鮮濃湯。他帶來的可待因快要喝完了，於是他告訴主辦單位他牙疼。對方跑一趟當地藥局滿足了他的需求，眞是有效率。

我們待在房間時會聊天到深夜，我因此更了解賽門的一生、令他心碎的幾段戀愛，以及他對家人的懊悔。我還知道了他酗酒的情況，他喝酒後，雖然不是個爛醉鬼，但卻有自我毀滅的傾向。有一次在西班牙，他在深夜失足跌落懸崖，受傷躺在岩石上達十二個小時。眞是個可疑的意外！

我因此自我警惕。我也曾有酗酒問題、和警方有過爭執、失意沮喪地來到莎士比亞書店。聽到賽門訴說他的經歷，我不禁把他想成是《聖誕頌歌》裡的未來之鬼，提醒我不要重蹈覆轍。

慶典熱熱鬧鬧的展開。現場有愛爾蘭盲眼詩人的精采演出，以及吉格舞曲演奏，還有無限供應的紅酒和啤酒。賽門從頭到尾非常自律，只喝他自己帶來的無酒精飲料。

賽門上臺朗讀的前一晚，他把自己關在旅館房間，一次又一次地彩排著。他一下開窗一下關窗，大口喝著他的啤酒，不斷按著電視遙控器。他甚至還兩度打電話回法國給他的前女友，詢問他該戴哪一條絲巾上臺。

賽門研究慶典節目表後，發現主辦單位另外還從外地邀請了三位詩人。他看過這些人的自傳後，頓時失去上臺的勇氣。

「他們都出書了；他們有名聲。我一無所有。」

然後，他又重拾信心。「不，我有作品。」

朗讀定在下午兩點，地點位於鎮上的另一邊，也就是說，得走一小段路才能到達。即使路程極短，賽門卻兩度走進酒吧叫無酒精飲料來喝。他發現健力士旗下有個叫卡利伯的可愛品牌，酒精成分還不到百分之一。他上臺朗讀前進入最後一家酒吧，握著酒瓶擋住窗外的光線。

「我要假裝這一瓶有百分之十四的酒精含量。」

接著，我們走向舉辦朗讀的書店，賽門加快腳步，直接走進門口。我趕緊跟上去，要他等一下。他正在小聲地自言自語。

「幫助我，主耶穌，在我最需要的時候……」

「賽門，你在禱告嗎？」

「在這種時候，我心中的信仰就會出現。」他甩頭說道。

現場約有六十人等候聆聽賽門的朗讀。有大腿上坐著嬰兒的母親、一群高中學生、來參加慶典的其他作家，以及在最後角落，坐著幾位出版商和記者。

賽門在前方坐下。某個了解作家習性的人爲他在講臺上準備了一杯紅酒。他盯著酒杯好一陣子，然後招手喚來書店老闆。

「能不能請你把這個拿走？」

於是，他開始朗讀。他濃厚的英國腔調爲他的詩句賦予生命，拉近他與觀眾的距離。他選了四則短詩，當他宣布他要讀最後一首詩的時候，現場出現失望的聲音。最後一首是我們啓程前才寫好的，內容是關於莎士比亞書店前的櫻桃樹已經開花。

樹木隱約飄香
終在嚴寒長冬後在我門外綻放
女童成雙歡唱
高舉穿著褐色和服的手臂準備舞蹈

再過一天、不消一周
她們將長成風韻藝妓
搖著粉白相間的扇子
在我的目光之外綻放豔麗

先吹來三月最後一陣風
然後我會驚訝地轉身
我看見四月雪了嗎？

抑或，是她們揮舞扇子
落入地面？

他念完後，現場響起如雷掌聲。其他作家點頭表示讚許。愛爾蘭詩詞主席在後面大聲拍手。有位雜誌編輯走過來，要求爲他的詩作寫評。有位愛爾蘭廣播電臺記者想要訪問他。現場好評不斷。

賽門被自己的笑容吞沒。他容光煥發，還摘下眼鏡擦拭眼淚。接著，便在人群的簇擁下，走入了丁格爾的街道。

31

說來可恥，不過當我從愛爾蘭回來後，最讓我快樂的事情，就是發現史考特也失寵了。

我立刻就注意到史考特和喬治之間的冷淡氣氛，當史考特承認他倆已經不講話，我的猜測便獲得證實。史考特怕被趕出去，於是請我去了解究竟是怎麼一回事。

經過我簡短調查後，我發現是因爲史考特和蘇菲太過親近，犯了喬治的大忌。雖然史考特堅稱兩人只是朋友，但每次蘇菲値班時，他都一直隨侍在側，甚至還動用了他的華生獎學金請蘇菲吃大餐。

其實也不能怪史考特，除了尼克那個混混之外，還有一堆愛慕者每天會來店裡和這位年輕的英國女演員搭訕，只是這些人不住在莎士比亞書店，我發現書店住客和店員談戀愛似乎是一大忌諱。

喬治密切注意所有在店裡工作的美麗女子，他並不喜歡其他住客對她們太殷勤。部分原因是他覺得有義務照顧大家，他希望保護他的客人不被書店愛情破壞情緒。有許多次，愛情在書店裡開花結果，喬治也曾一一細數有多少男女在書店認識、結爲連理。可是有更多時候，書店愛情都以毀滅收場。有一次，我和喬治一起喝茶，有位曾在書店工作的可愛韓國女子，睽違十年後再訪書店。她還帶著一個漂亮的小女孩，這就是當初她與一位作家陷入書店愛情的結晶，而事後對方便消失無蹤。

不過，喬治的保護本能還另有其他原因。他就像一隻年長的狼，想在一群乳臭未乾的幼狼面前宣示領土。五十多年來，他一直是書店注目的焦點，有時難免不願與人分享光采。蘇菲和史考特完全不掩飾他們的友情，至於兩人之間是不是純友誼，這並不重要。

我問喬治他是否生氣，他只是抱怨史考特一整天黏在蘇珊身旁，讓她無法專心工作。我把這視爲警訊，要史考特避免再和蘇珊在一起。

我隱忍喬治對史考特的偏愛，然後又回到他身邊，就像是通過了他另一個含糊的試煉。我們又開始一起吃晚餐，共同計畫書店的未來，並且對他的紀念冊做了不少修改。他甚至還把我拉到一邊，告訴我並不是每個人都能夠忍受他的缺點。

我們的友誼因為我和一位新住客大打出手而更加穩固。喬治種種偉大才能之一，是能夠在短時間內看出人們的內在，保護莎士比亞書店不受禍害。四萬多人曾在這裡與書共枕，卻很少發生什麼暴力或瘋狂的事件，光是這一點，就很了不起了。

喬治告訴過我，一九九〇年代曾有殺人犯來求宿。他第一眼就看出這個人不對勁，但還是決定再觀察看看。然後有一天，喬治聽到三樓公寓傳來尖叫聲，於是趕緊上樓，看到這男人正在勒另一位年輕女住客的脖子。喬治拿起紅酒瓶威脅他，最後他才放手。

「他不是要強姦她，他只想殺她，」他告訴我，「他的眼中充滿我所看過最恐怖的仇恨。」

幾年後，一位英國警探來到巴黎、路過書店。他拿著一張照片，問喬治是否認識照片裡的人。喬治說明了這個人住在莎士比亞書店時發生的事情，警探嚴肅地點頭。結果是，一年前，這男人在倫敦跟蹤並殺害了一名女子，警方一路追到俄羅斯，終於把他逮捕。這位警探是來巴黎度假，他想起這個殺人兇手曾經稱讚過喬治，於是特地過來傳達這項消息。

「那個人眞是出乎我意料之外，」喬治承認。

而這次這位新住客是從劍橋來的一個斯里蘭卡女子。她當然不是殺人犯，只是她太冷漠了。她正在準備考試，而且已經先寫信詢問喬治能否住進來。喬治難得做事如此有效率，居然還寄明信片回覆確認，於是這名女子在四月底的一個周日早晨來到書店。

我們兩個立刻彼此看不順眼。喬治之前同意讓她睡在三樓公寓，讓她能安靜地讀書、改稿。這名斯里蘭卡女子帶了兩大箱行李，頤指氣使要我幫她搬上樓。我雖然不情願，還是幫了忙。

她住進來的第一個禮拜，從不曾在店裡幫忙。無論是早上開店或晚上收書，都不關她的事。雷雨突然降臨，連顧客都幫忙把書箱搬進室內，她還是不幫忙。她居然有臉要求不要做周日的打掃工作，我眞是搞不懂。她怎麼能無視於書店的傳統呢？她爲什麼不做她那一份工作呢？我最後終於忍不住，親自質問她，從話不投機變成互相叫囂，最後她含淚跑上樓。

之後，我擔心喬治會氣我發脾氣，可是他卻拉我到辦公室，告訴我，有時候我們要用最大的寬容對待那些最不配的人。

「我一向認同瓦特．惠特曼所說的，每個人都有自己的優點，每個人都獨一無二。」喬治說：「對她來說還不晚。我們可以幫助她。我們要感動的就是這種人。」

某個寒冷的夜晚，我們擠在瓦斯暖氣旁取暖，一面假想著我們在路克於古巴開的書店，享受熱帶的濕濕，突然間，店門大開。我們正準備開口咒罵吹進來的寒風，克特闖進來。他還穿著之前一直穿著的灰色風衣，可是他不但曬了一身古銅色，還像瑪格里布的遊牧民族一樣、帶著一條鮮藍色的頭巾。

「我回來了。」他張開雙臂高聲宣布著。

我對他頭上那裝飾的不苟同，被重逢的喜悅所淹沒。我來巴黎快四個月，克特是我最要好的朋友之一，我期待把他不在的這段時間發生的事情全部告訴他。克特也有一肚子的故事要說，一口氣描述了紅沙漠，一晚只有幾法郎的旅館頂樓房間，還有那些吸引大批祈禱者的清眞寺。不過，他把他最崇高的讚美留給克里斯．庫克．基爾摩，克特恭敬地稱他爲「船長」。

「他是我的靈感，」他揮舞著筆記本說：「我終於把《錄影帶英雄》寫完了。」

克特說，過幾天克里斯要來巴黎，會住在書店裡。我仔細記下他到達的日期。主要是因爲，我住在莎士比亞書店的那段時間，店裡的其他作家都才正要展開他們野心勃勃的旅程。這次有機會認識已經有作品出版的作家，應該很有教育意義。

我對娜迪亞的愛意一如以往，可是我們的關係卻越來越緊張。當時，我把一切原因歸咎爲擁擠的空間、清除不掉的骯髒，以及缺乏眞正獨處的時間。住在一個破舊的書店裡，讓人覺得自己天生就是波希米亞人，可是在我骨子裡，還存有幾十年的中產階級教養。我發現我沒有辦法和這樣一位非傳統的年輕女子相處。

爆發點發生在一個說故事的晚上。自從我、克特及娜迪亞第一次在塞納河畔互訴心事以後，這樣的聚會慢慢固定下來。一個禮拜有一到兩次，我們會帶著紅酒在河邊碰面，大家輪流說故事，通常是隨意接話。

有天下午，一個叫克萊兒的女子走進書店，克特從摩洛哥回來後、就已經和他的墮落天使分手，這會兒正使出渾身解數，對這名女子發動攻勢。最後，他把她介紹給每一個人，當克萊兒見到娜迪亞時，兩人立刻迸出火花。克特已經提過當晚我們在塞納河邊的聚會，而當娜迪亞再度提出邀請時，克萊兒立刻答應。

當晚我和娜迪亞受邀前往一位羅馬尼亞藝術家的工作室，我們在堆滿棍棒和布匹的車庫裡吃了一頓很克難的晚餐。娜迪亞魂不守舍，大聲笑著迎合每一個笑話，而且一直盯著時鐘看。回城裡的地鐵上，她首次提出開放式關係的想法。我們到達後，克特和克萊兒已經在塞納河畔等待了，克萊兒跳起來，給娜迪亞一個大擁抱。我們打開紅酒輪流喝著，克特坐上碼頭石牆開始說故事。故事的第一句必須和火有關，於是，克特編了一個遊民在橋下燒書取暖的故事，而且還模仿《唐吉訶德》裡的許多情節。

克特下來後，克萊兒急著接手。她的第一句必須關於愛情，於是，她勉強編了一個兩個女同志初識的故事。儘管我和克特聽得目瞪口呆，但她的眼中只有娜迪亞。到了故事高潮，克萊兒拉下她的一隻鞋子，丟進塞納河裡。娜迪亞被她的舉動感動，用雙手捂著臉喘氣。

克特完全沒有察覺兩個女人之間的曖昧，他脫掉了一隻鞋子，跪在克萊兒前面，幫她穿上。他對於自己紳士般的舉止非常自豪，然後半走半跳地回到我旁邊。

「我想，她很喜歡我。」他小聲說，手中的紅酒瓶幾乎空了。

這時，娜迪亞在燈光下的說故事座位就定位。她不等我們指定的第一句話，就立刻開始描述她高中時暗戀學姐的故事。克特不斷用手肘戳我的肋骨，以展現他的興奮之情。娜迪亞故事說完，顯得既慌亂又害羞。克萊兒突然說她要去廁所，克特起身表示要陪她去，但她立刻拒絕。

「多買點酒。」兩個女人走上階梯、消失在馬路上，克特還在後面喊著。

我到這個時候，才告訴克特，她們兩個很可能不會回來了。起初，他不相信我的話，可是我點出她們兩人說的故事多有雷同，又急忙一起離開，再加上娜迪亞告訴我她喜歡克萊兒，他最後終於準備接受拒絕。

「可是，我把鞋給她了。」

接下來的一個多小時，我們繼續留在河邊，以免她們回來找我們，可是我的心情從期待轉爲被拋棄的沮喪。我自覺我愛娜迪亞，並且喜歡她當我的女朋友，可是，此時我坐在寒冷的河邊，她的懷中卻另有他人。到了凌晨三點左右，我們終於放棄等待，回到書店。

克特立刻倒在睡袋上呼呼大睡，我則回到故事間，看到娜迪亞和克萊兒躺在屬於我和娜迪亞的床上。我踮著腳尖走下樓，在俄文區躺下，直到黎明都不曾闔眼。

32

四月尾聲，喬治聽說對門那間搶手的公寓即將公開銷售。於是，書店全體總動員，擴張計畫進入緊鑼密鼓的階段。

喬治問到了代銷的仲介，於是決定採取他最愛用的手段，以提高他買到這間公寓的機率。他是那種常和鄰居、市政府官員及其他公權機關起衝突的人，因此常常被要求說明自己的違法行爲。經驗多了，喬治發現一種緩和衝突的聰明方式：每當要舉行調解會來解決書店或難搞的住客所遭遇的問題，他就裝病，請他美麗的員工代爲參加。生病的老人、再加上迷人的年輕女子，通常足以贏得對方同情。

如今面對仲介，喬治把這項手段稍做改變。由蘇菲拜訪仲介公司，了解這間公寓正式上市的時間，並且運用她當演員的技巧，確保喬治能搶在那位旅館大亨之前買到公寓。喬治很有自信能買到，甚至已經請娜迪亞繪製裝修藍圖。在他的指導下，娜迪亞畫了柔和的窗外景觀、可以睡覺的長椅，以及一個又一個的書架。

「如果我買到這間公寓，我會自己來整修。」喬治自豪地說：「我自己買下整間書店，就連佛林蓋堤也做不到，他的城市之光店面是租來的，再由市政府幫他買下。」

一如克特所說，鼎鼎大名的克里斯·庫克·基爾摩從摩洛哥來到書店，帶著精緻的水菸筒，以及可人的女性朋友安妮塔逕自住進了三樓公寓。兩人在樓上安頓下來，烹煮馬鈴薯韭蔥湯，每天買不同種類的法國麵包，還會定期請所有住客上樓吃飯。其中一晚，克里斯教我「你搭機、我付錢」的涵義，然後我們喝了一整晚的啤酒，只要酒一喝完，我和克特就會輪流到附近雜貨店補貨。

克里斯有說故事的天分，尤其擅長敘述他一生當中的非常經歷。他的父親，艾迪·基爾摩，是美聯社記者。一九四〇年代，他離開妻子，以及尚在襁褓中的克里斯，隻身前往莫斯科採訪新聞。然後愛上了芭蕾舞團裡的一名青少年舞者。兩人結了婚，並且在史達林政權下、躲躲藏藏長達十年，最後終於趁黑夜搭漁船偷渡出境。艾迪·基爾摩甚至把這段經歷出書，後來還被好萊塢拍成電影，由克拉克·蓋博飾演克里斯的父親。可是，讓克里斯非常失望的是，他的父親完全沒有在自傳中提到他。於是自那天起，每當他在二手書店看到這本書，就會在上面寫著：「爸，我現在終於出現在你的自傳裡了，你兒子，克里斯。」

克里斯滿肚子都是這樣的故事：他的家族史可以追溯至發現夏威夷、後來因假扮上帝而被土著殺死的庫克船長；他曾和一位雛妓住在墨西哥，還因私藏槍枝被捕；六〇年代吉米・罕醉克斯曾在摩洛哥的旅館房間裡幫他的吉他調音；一九六八年的暴動中，他因爲到書店躲警察和催淚瓦斯，才認識喬治；以及他在柬埔寨內戰期間住在當地，交了一個全世界最危險的女朋友等等。

有時候我不禁懷疑，克里斯是不是用了詩人誇張的手法來描述這些難以置信的故事。那天我在三樓公寓裡親眼看見他拿著一把強力機關槍，自此，我對他不再懷疑。

我上樓幫喬治拿啤酒，看到克里斯在廚房。他的樣子有點怪，似笑非笑，眉上閃著汗珠。果然，我們尷尬地談了幾分鐘，他要我走近一點。

「如果你能保密，我有好東西要給你看。」

克里斯拉我到公寓後方，主臥室床上有一把黑亮的機關槍架在槍座上。克里斯高興地細數著槍的規格：它是二次世界大戰期間德軍製造，四十萬有效射程的MG四二機槍，重量是二十五磅，一分鐘可以發射一千五百發子彈，被認爲是有史以來品質最高的機關槍，而且如果你在巴黎市的古董槍商店有門路，還可以用四千法郎的便宜價格購得。「他們叫它做『打嗝槍』，」他說完，便把槍交到我手上讓我掂掂重量。「這是因爲它發射的速度非常快，發出像打嗝一般的聲音。咯－咯－咯－咯－咯－」

自此以後，我就更相信克里斯的故事都是眞的。當你看到一個人舉著一把機關槍，霎時間，他的其他瘋狂故事都變得更加可信。

公寓即將公開出售，紀念冊的製作也進入最後衝刺階段。喬治找到一張他很喜歡的照片，那是一張黑白照，母親和小孩兩人坐在書店裡的階梯上共讀一本書，階梯上寫著「活出人性」。這是琵雅的母親造訪巴黎期間照的，喬治認爲它反映出莎士比亞書店的精髓。我們花了兩天的時間來處理這張照片，確認色彩和對比都是最完美的程度。等到我們選定了適合的字型，紀念冊便完成了。

就在我高興地準備和路克把這些資料送去印刷廠、等待幾個禮拜後印出精美成品，喬治的文章定稿內容卻讓我煩惱起來。它應該是全冊的注目焦點，可是它的內容卻一下樂觀讚許、一下嚴肅絕望。開頭是這樣的：

身為巴黎書商，回顧半世紀以前，一切就像威廉·莎士比亞筆下永不結束的戲劇，羅密歐和茱麗葉永遠年輕，而我卻像李爾王一樣，垂垂老矣、漸失理智。如今，我又重活一次孩提時代，不禁納悶我是否只是在時間的舊巷裡玩著開店的遊戲，把淘汰的書籍放在滿是灰塵的架上……

我可以不計較喬治的謙虛，可是我再繼續讀下去，他寫到他是如何計畫花七年的時間環遊世界，旅程未能如願完成，是他最大的遺憾。然後暗示現在他有意完成這段旅程——

……我也許會兩手空空的離開——只帶著幾雙舊襪子和情書，我把能夠俯瞰聖母院的窗戶留給你，還有我那間謹守「要對陌生人親切，他們可能是偽裝的天使」格言的心愛舊店。我也許會離開、不留聯絡地址，可是你們能確定的是，我將漂流全世界、與你們為伴。

你親愛的朋友
喬治．惠特曼

我讀完這篇文章後，非常緊張，急忙問喬治他是否眞的考慮撇下莎士比亞書店不管。「我不想成爲這地方的負擔，」他嘆口氣說道：「我想讓把書店整理好，讓我女兒想要經營。這樣我會很高興，也許我就眞的會再度上路漂泊。」

在等待公寓標售結果期間，我們已經夠緊張了，此時又發生一連串竊盜案件，使情況更加緊繃。被偷的東西多半是信件和日記，不過偶爾還包括鬧鐘、體香劑，甚至火車票。有個北卡羅萊納大學的年輕學生睡覺時把日記放在床邊，居然被人拿走，她非常緊張，隔天就搬走了。

當初我剛搬來的時候，克特就已經警告過我，書店裡常會有奇怪的東西遺失。像是照相機或皮夾這類東西，還可以說是小偷偷的。如果他們在樓下的書堆裡找不到錢，就可能會上樓到圖書室翻尋床下或衣櫃裡。可是衣物或作家筆記這類東西又該怎麼解釋呢？

有天下午我回到書店，發現我有兩件襯衫不見了。我一面咒罵著不穩定的書店生活一面往潘尼斯走去，想喝杯咖啡鎮定一下。我當時一定表現得非常沮喪，因爲途中居然有個遊民來關心我是否安好。

這個人叫做理查，他衣著整潔、一頭黑髮。雖然已經五十幾歲，但歲月並沒有在他的外表留下什麼痕跡，而且他還常常留意街上來來往往的人們。傳聞說他幫法軍在越南打過仗，戰後無法適應社會。不管眞相如何，他能夠流利地說五種語言，至於一知半解的語言就更多了。

理查對於他的境況倒是很達觀。巴黎不乏遊民收容所，如果他想要，每晚都有床可睡，而且不時有女人愛上他，想要說服他搬入她的公寓同居。可是他認爲他屬於街頭，嗜酒成性加上多年漂泊，他已經不可能再定下來。

他每天就在莎士比亞書店門口喝啤酒，有時有其他街友爲伴，但多半只有黑狗一隻。從他所喝的啤酒強度，可以看出他的心情。巴黎商店裡賣的啤酒，都是半公升的六罐裝。有錢的人喝海尼根，手頭不寬裕、酒量一般的人喝酒精占百分之四點五的科農伯格；至於一種叫做一六六四、酒精含量爲百分之五點九的啤酒，則是我們這些書店住客的最愛。高酒精含量的啤酒則分爲三種：紅色罐子爲百分之八、黑色罐子百分之十，另外還有特別的深綠色罐子有百分之十二的酒精含量。理查那天喝的是紅罐，表示他對這世界還滿有好感。

「他們偷了我的襯衫，」我告訴他，「我只剩下身上這件髒襯衫。」

理查同情地點點頭，並且坦承，這裡的街友都知道書店裡很容易偷到亂放的金錢和遊客的背包。他承諾幫我留意我的襯衫，然後把手伸進口袋，拿出一張紙頭，寫下幾個地址。

「教會能夠免費給你衣服。」他說。

然後他看到我的腳，又寫下愛茅斯商店的電話。這是一家全國連鎖的二手商品店，創立者是皮耶神父，店裡的工作人員都是那些有意重回社會懷抱的遊民。

「他們有不錯的鞋子。」他告訴我。

理查的熱心幫助讓我非常高興，自此，他成爲我固定聊天的對象。他常常從非常整潔、說話條理分明，變成酩酊大醉、說話含糊不清，然後又會轉爲正常。令人難過的是，一個月後我發現他手腳纏滿紗布。原來是有天晚上，他和朋友在書店南邊幾條街外睡在走道上時，有人放火燒了他們的睡袋。

五月到來，天氣漸暖，我們眼看著巴黎改變風貌。更多陽光、更多盛開的花朵、更多夢幻景象、更多一車一車前來的遊客。在書店裡，我們對於這些表面上的改變多少有點不屑，心中嘲笑這些春季遊客只是過客，無法像我們這些人那麼了解巴黎。

這當然是我們年輕不懂事的想法，可是我和克特很快就發現，這些有錢的遊客人數暴增，帶來了許多壞處。看著大批人潮拿著昂貴的相機和旅遊指南在聖夏克街上閒晃，三明治女王老闆突伊決定大發旅遊財。最不幸的是，兩個三明治加一罐汽水的價錢從二十法郎漲到二十四法郎。我和克特立刻發動全書店進行杯葛，同時又不解我們深愛的巴黎究竟是怎麼了。

33

喬治第一次嘗試人民公社的概念，是因爲眼看大蕭條的蹂躪。他認爲，一定有一種更好的方式、更好的系統，讓全球財富不會集中在少數幾個人的手中，讓人民不只是經濟體制中的小齒輪、每天被迫工作、購買，購買、工作。

喬治在波士頓大學裡讀到了幾位偉大的社會主義作家，在巴拿馬工作時，他親眼看到政府是如何壓榨人民、破壞環境，以及和現代企業脫不了關係的腐敗。於是，這時他向家人宣布他信奉共產主義，可是家人並不當一回事。

「（共產主義分子）不是那些從未在任何地方成功的社會雜碎和邊緣人嗎？」葛瑞絲在給兒子的信中寫道：「人類天性中，有個特性是卡爾．馬克思沒有考慮到的，那就是對權力的慾望。」

喬治不受母親影響。二次世界大戰後，蘇聯和美國玩弄地緣政治遊戲，因而把「共產主義」變成髒話。喬治對此非常反感。對他來說，共產主義是個不可避免的偉大社會實驗，是「社會越強、個體越強」的簡單教條。喬治認爲，資本主義的成功與否，只從社會菁英的表現來判定，其實一個體制是否成功，應該要看那些最不幸的人有何遭遇。

「看看窮人、看看單親媽媽、看看囚犯，」他說：「他們才是文明的標竿。」

和喬治一起住在莎士比亞書店裡，讀著他推薦的諾姆．杭士基的文章，很容易相信他的論調：要觀察現代社會的缺點。可是我在書店裡同時也親眼看到人民公社的缺點。娜迪亞有許多在希奧塞古政權下長大的噁心經歷，而阿布利米特也從不錯過任何一個嘲弄中國政府的機會。

想想我在書店所遇到的一切事情——平息艾斯特班的敵意、和平解決賽門的問題、聆聽喬治訴說他妻女的問題、從史考特失寵中找回自我——現在，我和喬治在一起百分之百自在。我不僅聆聽他的想法，還能夠提出相左的意見。因此，有一天我問了個顯而易見的問題，既然共產主義那麼好，爲什麼共產國家會傳出那麼多不人道的事情呢？

喬治坐起身，眼神變得嚴肅。他把桌上的紙張推往前方，站起來去關門，以免被人打擾。

喬治首先說明世界上並沒有眞正的共產主義存在。史達林是個暴力的騙子，卡斯楚曾經擁有美好的理想，後來卻因貪權而腐敗。需要有更多的政府來實驗馬克思主義和社會主義，來實驗一種體制，把金錢和資源直接分配給教育和家庭，而不是用來設計另一個多刃刀鋒，或創造會造成大規模毀滅的武器。可是當代領導者很少有人有勇氣實驗，因爲全球商業界會對這個國家的負債提高利息，摧毀該國經濟，把它屏除在外。

「想想那些富可敵國的石油公司，像布希家族這樣富有的王朝、像比爾蓋茲這樣的牛仔企業家。他們怎麼會想改變遊戲規則呢？他們已經占盡優勢，才不會理會其他失敗的人，」喬治解釋道：「有那麼多穩操大權的勢力在壓制共產主義這樣的構想，難怪這類構想會聲名狼藉。」

喬治說，雖然希奧塞古藐視人權、古巴難民投奔自由的故事也屢見不鮮，但那些向資本主義經濟支薪的全球媒體記者們，對於報導共產主義的成功並不特別感興趣。

「以古巴爲例，」喬治說：「在卡斯楚的統治下，古巴的識字率爲中南美之冠，每一千人的博士人數是美國的兩倍，而且還提供全薪育嬰假、全民享受免費健保，這一點更是美國所不能及。事實上，」喬治重擊書桌以示強調，「古巴人的平均壽命比美國人長。」

「不容諱言的，古巴的醫院和學校近年來明顯落後，不過這是因爲該國經濟被美國所倡導的禁運所摧毀，」喬治說：「古巴並不完美，可是這個國家有許多有成效的制度，也有許多比美國強的地方。」

這樣還不夠，喬治又說了個關於印度西孟加拉州的故事。這裡的經濟成長率是全球平均數的兩倍，學校和醫院遠比該國其他地區要先進，而且人民生活品質也是全國最高。「這是共產黨的功勞，」喬治呼喊，「共產黨！」

喬治指出，共產黨打破土地壟斷，將土地重新分配，讓貧窮家庭可以經營農場、擁有自用住宅。在州政府的努力和馬克思主義的協助下，經濟非常健全，人民快樂無比，以致共產黨七度連任。「你有沒有在《世界論壇報》裡讀過這個消息？」喬治問道：「當然沒有！這都是美國的陰謀。」

「共產主義只是著重以社會爲先，」喬治說道。他相信一群人勝於一個人，爲了讓社會大眾有更高的生活品質，即使犧牲一人獨立累積的財富，也是値得的。雖然這世界上還沒有理想國，但喬治堅信我們必須繼續尋找。

「看看你的周遭，看看這世界有多富有，可是也請注意，在歐洲、北美、日本，有少數幾人有做不完的工作、享受不完的利益，而其他人卻是貧窮、飢餓，甚至沒有乾淨的水可喝，」喬治下結論，「這樣對嗎？多數人甚至不提出這樣的質疑。至少我相信建立更公平的世界不是不可能的。」

我煩惱了好幾天，最後決定該和娜迪亞認眞談一談。爲方便談話，我邀她到塞納河畔散步。我告訴她我愛她，我對她的藝術才能深信不疑，也認爲她是很棒的女人。可是我告訴她，我不確定自己能否處理這種開放式關係，也許我們並不適合彼此，也許我們注定無法在一百零二歲時在彼此的懷裡一起死去。

我總共說了十多分鐘，不斷地說著庸俗的道歉之詞，把一切歸爲愛的天性，最後娜迪亞終於打斷了我。

「你幹麼這麼認眞？」她問：「我只想在巴黎享受點樂趣。你想到哪裡去了？你以爲我想結婚嗎？」

經過那次丟臉的散步後，沒多久，娜迪亞就搬離書店了。她運氣好，遇到了一位要去米蘭工作一段時間的攝影師。他同意讓她免費住進他在巴黎的公寓，於是，她在五月初低調地離開書店，一心想要儘快擁有安靜、平靜的生活和屬於自己的浴室。

雖然這是我最難受的時刻，但喬治卻春風滿面。現在伊芙天天都來，我和路克都發現喬治的改變。以前他總穿著褪色的夾克和不成雙的襪子，如今他改穿時髦的西裝，還有洗衣店乾洗過的襯衫。

有天早上，我和喬治來到香榭儷舍大道旁、喬治五世大道上的高級住宅區去逛教會拍賣。這是他定期搜尋便宜二手書的方式，我爲成爲他正式任命的提袋者，感到非常榮幸。這一次，喬治還希望能給伊芙買些漂亮的二手衣，好在當晚她來店共進晚餐時送給她。

「她告訴我，每次離開書店時都很想哭。」我們走向維勒旅館地鐵站時，他對我說道：「看到沒，同志？這裡偶爾會有事情順利進展的時候。」

看到喬治精神抖擻眞好，因爲我們今天有好多事情得做。地鐵站裡有兩個男孩，年齡不會超過七、八歲，他們正在車廂裡鬼鬼祟祟，想要對觀光客伸出第三支手。他們發現喬治突起的襯衫口袋裡塞了一疊法郎，於是他們直接衝上來。我和喬治在他們得手前，一起把他們推開，他們被迫下車。接著，來到我們以爲人們會很親切的教會裡，不料卻慘遭白眼。喬治常常出入教會義賣、買走好書。教會裡的神職人員覺得他低買高賣、從中獲利，是褻瀆的行爲，他們甚至還把好書藏起來不讓他看到。有一次，喬治和一位牧師爭搶一本《安娜卡列尼娜》精裝書，牧師還用英文和法文髒話咒罵喬治。

「我以爲你不是應該和善、愛人嗎？」我幫喬治從牧師手上搶過書時對他頂嘴。

喬治對這件事只是一笑置之，然後繼續搜尋。他哼著歌，在衣架中幫伊芙尋找花裙，沒有什麼事能夠讓他心煩。

喬治的充沛活力因爲故友返回而更上一層樓。湯姆·潘卡克回來了，蓋兒的深情把他從埃及喚了回來。他又搬回紐西蘭大使館，而且在飛機落地不久就來書店裡。

除了在開羅遇到的許多新鮮事，以及右手臂的新刺青外，湯姆為喬治帶了大禮。在湯姆的諸多特質裡，最厲害的就是他對服裝的品味——他總是一身時髦西裝搭配上等襯衫，對於一個旅人來說，他的服裝算是非常講究。他的收藏品當中，有一件流行於一九三〇年代、製作精良的直紋長版西裝。湯姆穿稍嫌小，於是他送給喬治。

隔天下午，我在公寓找到喬治，他正在為伊芙的來訪做準備。他穿著湯姆送給他的西裝，正坐在餐桌前點著蠟燭照鏡子。喬治每次都用這種方法來修剪頭髮，而且只有特殊場合才會這麼做。他會把燭火舉到頭上，把頭髮燒著，等燒到他想要的長度，就把火弄熄。這種作法雖污染空氣，但卻很有效率。剪了頭髮又穿上湯姆的西裝，喬治看起來神清氣爽。

喬治要我坐下喝杯啤酒，他一一細數近幾個禮拜來他和伊芙之間的進展：她有多愛這間書店、她有多喜歡他為她寫的詩、他們如何一起歡笑、一起在沙發上閱讀。

「當人們發現我有多愛這小女孩，我知道他們一定會說我瘋了，可是我無法控制。」喬治說。

我了解。新戀情是最佳良藥，而他已經身處莎士比亞書店這個漩渦那麼久，老習慣很難改掉。他在書店這五十年，不斷有女人上門示愛，為他神魂顛倒、為他創造的這個浪漫世界沉迷。這種不斷拍岸的愛情是會上癮的，而喬治至今還嚮往不已，即便他已經八十六歲。

想到這些，我正準備要喬治放心，他絕對沒有瘋，可是他接下來的舉動卻又讓我擔心。喬治伸手從口袋裡拿出一枚戒指。

「我要向伊芙求婚。」

34

讓我更驚訝的是，伊芙居然沒有拒絕！

喬治宣布中午大家一起在書店前吃飯，讓這個舒適的春天午後更添愉悅。在這溫暖的五月，他在收藏室前面擺了長桌和板凳，讓大家在戶外大吃一頓。

我們幾乎全員到齊：克特、阿布利米特、瑪璐許卡、蓋兒、湯姆、史考特、蘇菲、賽門。貴賓伊芙驕傲地坐在喬治身邊，不過似乎沒有人發現她是這頓飯的主角。既然有免費的食物可吃，我們這群餓鬼當然會被吸引過來，沒有人會有任何疑問。

喬治準備了雞肉燉飯、十幾條法國麵包、一大鍋馬鈴薯沙拉、優格罐裝的自製草莓冰淇淋，還有一大堆廉價的高酒精含量啤酒。我們吃飯的時候，書店顧客依舊進進出出，還有很多人駐足爲這場即興派對照相留念。我們快樂地吃了好幾個小時，直到溫暖的午後轉成冷颼颼的黃昏。朋友來來去去，座位從未空過，喬治甚至偶爾還隨手拉來陌生人加入我們。一直到最後，喬治和伊芙牽著手，我才看到她戴著戒指。

吃完飯後，我幫忙把椅子搬回三樓公寓，看到伊芙在廚房洗碗。我幫她把碗盤擦乾，並趁機問她，她手上戴的戒指有何含義。她居然很高興有這個機會可以把她對喬治的愛意與人分享。

事實上，她的確愛著他。他正是她一直夢想的那種男人——和善、淘氣、浪漫。是沒錯！她沒想過她的夢中情人會那麼老，可是她還是慢慢地克服了年齡的差距。

「再說，他還是很有魅力的。」她堅稱。

我同意。喬治絕對是我所見過最性感的八十六歲老人。伊芙聽我這麼說，咯咯笑了。

「你知道我們吻了彼此，對不對？」她說。

「妳吻了喬治？嘴對嘴？」

她臉紅了。「有時候會，就在我們上床前……」

「妳和喬治一起睡？」

「哦，我沒有裸體啦！我還穿著褲子。」伊芙的臉更紅、笑聲也更多了。「他眞是個體貼的男人。」

伊芙非常高興地收下戒指，並且驕傲地戴著它。她還沒有正式答應喬治的求婚，但她會好好考慮。現在她決定先搬進書店，試試與喬治一起生活。

那個禮拜，伊芙就搬進了三樓公寓。她和喬治開始一起去看電影、牽手共進晚餐，一切的行爲和熱戀中的年輕男女沒有兩樣。

「老兄，這簡直就像電影《哈洛與慕德》[47]。」克特看到喬治拿著一束壓皺的康乃馨回來準備送給伊芙時說道。

也許有人會覺得喬治誘拐小他快七十歲的少女，不過我卻看出這段感情詩情畫意的一面。他不是爲了性或身分，純粹是因爲眞心愛著伊芙。他有個非凡的一生，又開了一家非凡的書店，難道他不能談一場非凡的戀愛嗎？

喬治一直相信愛情。他的初戀是一個叫做關的女子。兩人隸屬柏克萊共產黨同一組，一見鍾情。關的母親不喜歡喬治，每次他想見關，就只能躲在她家門外或吹口哨當暗號。他們決定一起同遊墨西哥，並約好在邊境的小鎮會合，可是喬治搭火車前往時，卻被警察

47 《哈洛與慕德》（Harold and Maude），一九七一年美國電影，關於老少配的愛情故事。一名有錢人家少爺有個怪癖，就是對死這件事情特別感興趣，意外遇到一名八十歲的老太太跟自己有同樣的喜好，進而產生愛情，為了長相廝守而跟家人對抗。

找麻煩，約好見面的那一天，喬治還被關在監獄裡。等他被放出來後，他找到了關擔任服務生的餐廳，兩人終於如願展開冒險——徒步越過索諾蘭沙漠。

　　喬治還記得，爲避免炎炎日頭，他們會在晚上趕路，然後他們來到亞基河附近一個墨西哥富人的豪宅前，主人大方邀請小倆口住宿，還給了喬治一個大禮。河裡有艘破舊的沉船，如果喬治能把它打撈上來修好，那富人說，他和關就可以搭船繼續旅程。幾個禮拜後，他們便一起搭船順流而下。

　　最後兩人還是分手了，喬治先回到家鄉，然後戰爭爆發。喬治最後一次聽到關的消息，是她回到墨西哥，而且結婚了。她生了幾個小孩，可是並不快樂。她的丈夫似乎追隨讓妻子養家的傳統，外面還有別的女人。有時候，喬治甚至還會提起他應該要和關結婚的，這是他一生的許多憾事之一。

　　他還有其他的女人。蘿拉·洛瑞歐斯是喬治妹妹的同班同學，她看到喬治從巴拿馬寄回的家書內容，便立刻愛上他。信是這樣寫的：「在我記憶所及的各種景象中，只有一顆最亮的星，一個臉孔。」這位俄國女人帶他來到聖彼得堡，可是她氣喬治只想待在她家閱讀她書房裡的各種俄國書籍。另外還有他的未婚妻喬賽特和柯蕾特、曖昧不明的安娜伊絲·寧，以及他的前妻。

　　這些都是喬治一生中重要的女人，而且他很少利用書店之便談短暫的戀愛。如果他想要，他可以每個禮拜換新女友，可是他卻不斷陷入眞愛。

「我和亨利・米勒那些人不一樣，不會到處調情、猥褻，」喬治說道：「我喜歡和女朋友談戀愛。我會坐在辦公桌前寫情書給她，送禮物讓她感動得掉淚。我想，在這方面我比較古板。」

聽喬治描述他表達愛意的做法，與其說他古板，不如說他幼稚。他心中有著根深柢固的浪漫方式，這許多年來，他一直沒有辦法跟任何人建立起成熟的關係。也許是因爲喬治對於母親一直存有恨意，可是每次遇到女人，他又成了彼得潘，一直保有少年時代的純眞。

我沒有資格定奪喬治的行爲，因爲我自己也好不到哪裡去。娜迪亞的離去讓我心碎，於是我貪婪地沉溺於莎士比亞書店的過路愛情。

這裡有那麼多年輕男女一心想探索世界、試試自己的極限，再加上巴黎是知名的愛情之都，書店簡直成爲縱慾的堡壘。我認識克特的這四個月以來，他的女朋友人數，我需要手腳並用才能數得出來。路克說，書店裡總是有一兩個像克特這樣的住客。我在書店裡剛恢復單身，卻在這一輩子首次拒絕親密關係，讓我的性心理完全轉念。在此之前，我也像典型的男性一樣，認爲我應該維持永不滿足的性胃口，和越多女人上床越好，這樣才能成爲眞正的男人。即便是我二十歲以後已經交過不少可愛的女朋友，性愛也因此更方便、更頻繁，但我還是一直覺得不夠，一直嫌自己比不上《細節》雜誌裡那些男名人的功績。這樣的疑慮讓我常常做出錯誤決定，只是爲性而性。

我因此想到我母親最喜愛的一隻狗，戴西。牠是一隻布列塔尼獵犬，自小在繁殖場長大，主人對牠們百般虐待，不讓牠們吃飽，以便把每隻小狗的利潤拉到最大。我母親養的這隻狗想辦法逃到樹林裡，最後牠被人發現並送到動物收容所時，已經瘦得只剩一把骨頭了，可是腳上仍然可以看到繁殖場主人用煙蒂處罰的傷痕。

戴西即使被我母親收養，體重又恢復水準，挨餓的感覺還是深深烙印在牠心中，因此對食物來者不拒。獸醫說，如果留太多食物給牠，牠可能會把自己撐死。事實上，有好幾次證明獸醫所言不假，有一次牠幾乎吃光了一整袋重達十磅的馬鈴薯，還有一次，牠啃掉了一盒二十四支蠟燭。

我跟這隻狗很像，心中還留有無愛可做的恐懼，因此書店成爲很危險的地方。儘管我不像克特那樣淫亂，可是自從娜迪亞離開後，我有點飢不擇食。其中一段最糟糕的關係是和我在收藏室遇到的一位德國女人。有一天，她邀我到布隆森林野餐。她親手做了紅椒沙拉，還準備了麵包和紅酒。我們在樹下找到了一個僻靜的角落。她立刻明白表示她不會和我發生關係，我也同意我們不該讓友誼變得複雜，可是我們可以親吻。

氣氛還不錯，正當我們再度親吻時，聽到有樹枝斷裂的聲音。我們抬頭看到一個男人站在三十呎外激烈地在打手槍。更驚人的是，我們發現空地的另外一邊、大約八十呎外的地方，有另一個男人靠著樹站著。這男人也是一手伸進褲子裡忙碌著。我揮舞一根樹枝，把他們兩個趕走。

我和那德國女孩又坐了一下，對於發生的事情緊張地笑著。然後，她又開始親吻我，這一次有點失控了。然後她用法文問：「你在找保險套嗎？」如果不是後來又聽到更多樹枝斷裂的聲音，我們恐怕就做了。這一次，自慰者只離我們十五呎，色瞇瞇地屈身看著我們。另外現場還有兩個人，形成一個自慰三角。我後來才知道，布隆森林裡的這一區專門有特殊癖好的人出沒，而我和德國女子不慎來到了性愛區。

有了這類插曲，我很快就發現自己在性關係上比較像喬治，而不是克特。感謝無所不能的克里斯．庫克．基爾摩，我遇到了一位適合戀愛的女孩。

伊芙搬進書店，剛好克里斯和安妮塔回大西洋城，於是她便和喬治獨享三樓公寓。克里斯離開之前，照例舉辦說書會。他在這三十年間住在莎士比亞書店的時候，都會增寫一首名叫「巴黎憂鬱」的敘事詩，每次經過店裡，就會朗讀這首越來越長的傑作。

周一晚上克里斯的說書會上，我和克特把房間準備好，便邀請觀眾上樓。我們看見三位美麗的女子結伴經過書店，認為她們會是好客人。我含糊說著朗讀會和書店的事情，趁她們來不及開口拒絕之前就帶她們上樓。

三位女子都來自義大利，在巴黎從事保姆工作。來自世界各地的年輕女性來到巴黎，幫中上階級和富有家庭帶孩子。這三位都是兼職保姆，不但在巴黎有免費公寓可住，還有零用錢和許許多多空閒時間來體驗這個城市。

沒多久，我就開始和楚迪約會，這位女子左手臂上有一個蠍子刺青，可是她拒絕說明來由。她工作的家庭爲她在達居耶街上安排了一個小房間，這裡也成爲我暫離書店的小天地。長達幾個月深夜才能上床、睡在狹窄冰冷的床上、與陌生人爲伍的生活，我身心俱疲。我和楚迪在塞納河畔乘涼或者一起做晚飯，然後她會讓我睡倒在她的床上。太幸福了！

克里斯離開時，我感謝他無意間促成了這段戀情，這位老作家只是一味笑著。

「你知道，如果你想成爲作家，你得珍愛生命，沒有任何一個地方要比莎士比亞書店更能讓你珍愛生命。」他告訴我，「你可以在這裡遇到任何人、可以在這裡看書、可以在這裡看漂亮女人。好好珍惜這樣的地方，因爲世界上像這樣的地方並不多。」

看著克里斯走去地鐵站搭車到機場，我的心中非常感傷。這書店還有一個他沒有提到的偉大之處，那就是有像他這樣的人在這裡出沒——這些作家心繫這裡，他們不一定有錢或有名，可是卻用感覺在生活，還讓我和克特這些人相信我們也可以成爲他們的一分子。

春天已近尾聲，書店勉力維持。我們似乎都在屏息以待、把握當下。蘇菲已經二度造訪仲介公司，隨時都會有消息；紀念冊則已經送進印刷廠。我們所能做的就是等待。

我們開始在下午到公園裡避暑，夜晚變得越來越溫暖，塞納河邊的說故事時間也越來越受歡迎。我和楚迪相處愉快、寫作進行順利、身邊又有那麼多美妙的朋友。其他每個人都有相同的感受。在這裡的時光是如此柔和、美好，就連阿布利米特的雞腳事業徹底失敗時，他也沒有太沮喪。

五月某個美好的一天，喬治舉辦野餐來慶祝湯姆歸來。我們坐在公園裡享受著陽光、美酒、午餐盛宴，沒有人想離席。一群阿爾及利亞人在我們附近踢足球，我們起身邀他們比賽。我們這一隊是已經酒醉、又不善運動的烏合之眾。阿爾及利亞人身手矯健地傳球、踢球，很快就以十三比零領先。太陽開始下山，我們提議誰先得分就贏，阿爾及利亞人信心滿滿地同意了。

於是，接下來的十分鐘，我們衝刺、滑壘、奮戰，阿爾及利亞人居然沒有得分。接著，我不知哪來的神力，傳球給克特，他巧妙地閃過兩位防守員，把球傳給快步跑向球門的路克。路克接到球，身手矯捷地把球踢出，球順利通過撲倒的守門員，成功進球。這真是狂喜的一刻。我和克特追著路克環繞公園，撲倒在他身上，然後把他舉到肩膀上，一路把他舉回我們的野餐地點。

我們躺下來不斷喘著氣，全身痠痛卻沉醉在勝利當中，直到太陽下山、天色變暗才打道回府。我們認定事事都有美好的結局。不過，也許驕傲必敗。

35

一個禮拜之內，阿布利米特進了醫院，公寓沒有買到，伊芙不再帶著喬治送的戒指，還有一個人死了。

先從阿布利米特開始說起。一天湯姆到來，在擠滿顧客的書店裡提議大家去波麗瑪古酒吧喝一杯。下午的酒吧是消磨時間最理想的去處，白天啤酒比較便宜，而且光線充足，可以悠哉地走進去，以消除把時間浪費在喝酒上面的罪惡感。白天客人不多，有足夠空間可以看報，或者更棒的是，好好利用放在吧臺後方的撲克牌和棋盤。每天下午，這裡至少都會有一場西洋棋局在進行著，競爭總是非常激烈，一注一法郎，還可以加注。

我回到莎士比亞書店時，蘇菲臉色蒼白地站在櫃臺前，克特則有氣無力地坐在綠鐵椅上，難得看到他那麼沒有精神。

「老兄，阿布利米特病了。」

那天早上，阿布利米特在他的法文老師家，就開始感覺臉部麻木。到了下午，他的左眼已經沒有辦法閉上，左臉也完全不能動。他回到書店後，立刻到神之家醫院的急診室就診，現在則被送到奧斯特立茲火車站附近、畢提薩彼里埃醫院的神經科病房。他們懷疑他是中風。

隔天，我和克特組成了臨時探病委員會，從喬治的冰箱裡找出各種還不致腐壞的食物，再加上幾本雜誌，一行人步行到醫院。經過植物園時、看到賽門的動物朋友，我們還維持高昂的情緒，可是大家都在僞裝。儘管我們過著波希米亞般的生活，但如今我們都被迫面對現實困境：我們幾乎身無分文、多半無家可歸、而且無身分、無健保地滯留國外。雖然我們的白皮膚讓我們不用煩惱那些北非和其他外表明顯的非法移民所遭遇的麻煩，可是只要出個意外或被警察盯上，我們在巴黎童話般的生活就得立刻畫下句點。

我們來到醫院，繼續假扮著無憂無慮的年輕人、和護士打情罵俏、蹦蹦跳跳地穿越花園和十八世紀的醫院長廊。可是我們越往病房走進去，就越難把這一切當做是另一場莎士比亞書店大冒險。我們看到阿布利米特單獨一人在房裡，躺在藍色的病床上打點滴，左臉還包著繃帶。克特滿懷希望地敲門，經過一段很長的停頓後，阿布利米特才轉頭看向門口。

「你們來這裡做什麼？」他用含糊的聲音問道。

克特露齒而笑。「我正要問你同樣的問題。」

阿布利米特努力坐起身，並揮手要我們過去。他歪著臉笑著，要我們坐下。病床旁邊有一盤還沒吃過的醫院餐點，他把盤子推向我們。

「我可以再跟他們要。吃吧，快吃！」

醫生判斷，阿布利米特的情況是壓力和疲累引起的小中風。他的左臉依舊局部癱瘓。醫生說，幾天之後應該就可以恢復，或者可能越來越糟，或者維持現狀。阿布利米特早已對西醫失去信心，並開始訴諸禱告和物理療法。

「這是一個徵兆，」他吃力地說著，「一個要我改變生活方式的徵兆。」

他的確給自己太大的壓力。自從三年前離開中國後，他遊遍全亞洲，在以色列的基布茲工作，然後來到法國。生活在莎士比亞書店不停息的派對和社會政治裡長達一年之久。其間，阿布利米特一直維持努力用功的習慣，練得一口流利的法文和英文，可是，太過努力也造成不良後果。但他居然為之高興。

「這是來自上帝的訊息，」阿布利米特不斷說著，「從現在開始，我要多花點時間來生活、少點時間工作，更多時間與朋友相處。」

我們就待在病房裡休息，阿布利米特說，如果需要，我們可以使用他病房裡的私人浴室。經過一番推辭後，我沖了一個自搬進書店以來、最久最熱呼呼的澡。這裡不像公共浴室有人站在門口等，也沒有女友或朋友在隔壁讓我擔心會浪費太多水電費。醫院的熱水源源不絕。我們起身離開時，阿布利米特邀請我們隨時再來。

沒有阿布利米特在書店裡用功讀書，店裡氣氛變得比較輕浮，接下來幾天，我發現事實上也是如此。歐洲和北美各大專院校的學生開始放暑假，一批批背包客們搭火車來到巴黎，莎士比亞書店是每一本旅遊指南的推薦景點，於是書店裡擠滿了那種只進來三十秒鐘、表示到此一遊的旅客。少數人聽過書店的留宿政策，常有人要求住下來，而喬治也很少會拒絕。

冬天的時候，書店裡一次的住客不會超過七、八人，多半是我、克特和阿布利米特睡書店，賽門睡收藏室。如今，似乎每天都有新面孔出現。有一晚睡在店裡的人太多，有幾個人得睡在地上。店裡擠滿了幾十位不顧一切地追求冒險刺激的年輕人。

在這一團混亂當中，我無法繼續寫作。分心的事情太多，不斷有人想要問問題或喝酒，或參加晚間塞納河邊的說故事時間。就連想在收藏室安靜一下，也變得是件奢侈的事情，因爲賽門越來越不顧我們說好的約定。愛爾蘭之行的成功，提高了他的地位，再加上喬治的心力全放在伊芙身上，賽門不再害怕被趕出家門，也很少把房間留給我單獨使用。如今他宣稱自己是書店裡正式的駐店作家，還說他自己也需要空間。

幾個月以前，我還非常喜歡待在書店裡，連區區幾個小時都不願離開。如今，我會找藉口待在外面。湯姆．潘卡克發現了一種法國滾球賽，很適合消磨一個下午。滾球這種運動著重精準，參賽者必須把沉重的金屬球丟中幾呎之外、體積比較小的目標球。這種運動必須長久站立，走動的距離也不過十或十二呎，很適合在溫暖的午後一面比賽一面喝著冰啤酒。蓋兒或湯姆會事先在大使館廚房做好三明治，然後，我們會約在離書店最近的公園角落玩滾球，直到警衛因爲市立公園不得玩滾球而把我們驅逐爲止。

喬治明白地告訴我，他不喜歡我常常離開書店。有一天，我回到書店，發現我的衣櫃半開，我的東西又被洗劫了。我的舊手提電腦不見了，裡面還存有我已經寫了五萬多字的小說。我不認爲是小偷偷的，那臺電腦是很久以前在無線電屋買的文字處理機，少說有十年以上的歷史，根本不値錢。我難過又困惑地在店裡四處尋找。最後實在無計可施，只好去找喬治。雖然他表示一無所知，但二十分鐘之後，我在圖書室的一張書桌上看到了我的電腦。

「你要謹記教訓，應該把你的東西鎖起來。」喬治咕噥著。

現在，我懷疑某人是書店裡的小偷，於是我等到喬治離開辦公室後，進行徹底的搜查。我找到了一個月前遺失的兩件襯衫、幾封寫給莎士比亞書店住客的信，還有兩本以前女住客遺失的日記。

「我不知道這些襯衫和信件怎麼會在這裡。」我找喬治對質時，他堅稱。

那日記呢？

喬治尷尬而臉紅，聳聳肩膀，一副「你能拿我怎麼樣」的樣子。他曾寫過一篇文章，裡面提到：人類最理想的狀況是身爲一個十七歲的女孩，並在春季時分來到巴黎，準備談一場初戀。看起來，他自己也很想有這樣的體驗。

「你不知道那兩個女孩住在這裡的時候，我花了多少時間才找到她們的日記。」他嘆口氣說：「這些是我最喜愛的讀本。」

周日早上吃過鬆餅後，喬治正準備離開三樓公寓時，看到對門公寓的門被推開。是那位旅館大亨！他笑得合不攏嘴，手上還握著公寓的鑰匙。原來這間公寓早就已經開始銷售，而大亨立刻就買到了。希望全部幻滅。

「他就像剛從山洞走出來的猿人，」喬治說，一面揉著他的太陽穴。「這是我一生中最難過的時候。」

然後，喬治把自己鎖在辦公室裡，整整三天足不出戶。

最後喬治終於現身，心情惡劣地在書店裡閒蕩。他責怪自己毀了莎士比亞書店，還說如果他能年輕一點、更謹慎一點，他就能買到那間公寓了。

蘇珊搞不懂爲什麼會是這樣的結果。仲介向他保證會先通知喬治，可是他們卻先告訴了那個百萬富商。雖然喬治沒有當面責怪她，可是他對蘇菲越來越兇。確定公寓沒買到的幾天之後，蘇菲在店門口跳舞扭傷了腳踝。她是爲了賈克樂寇學校即將舉行的跳舞考試在練習。喬治因爲她上班不專心而把她解雇。

阿布利米特住院，影響最大的，就是史考特。他一直是個神經質的人。他剛來的時候，有天晚上他正準備睡覺，突然聽到持續不斷的滴答聲。如果是其他人，也許會認爲是哪裡放了一臺鬧鐘。可是史考特卻認爲是炸彈。正當他準備跳窗逃命時，丹麥女孩醒了，她安撫他，並堅持他當晚睡到她床上來，讓他情緒穩定下來。

這種神經質很容易轉爲憂鬱症，而史考特正是典型的例子。阿布利米特病倒後沒有多久，史考特發現他其中一個睪丸腫起來，而且還堅信那是癌症。他前往神之家醫院途中差點要從橋上跳下，最後護士把他帶到一般門診候診。

他在醫院待了快八個小時，照了許多X光，還讓多位醫生擠壓他的患部。最後，探針報告終於出爐，醫生表示沒有什麼值得擔心的，可是史考特不相信。當晚在書店，他叨念著史上醫生誤診的情況多不勝數，並堅持回美國後要找專科醫生再檢查一次。

蘇菲被解僱後不久，史考特也受夠了書店的生活。喬治的心情變化太大、太多人爭奪床位、太多病菌等著要入侵他的身體。一個天空湛藍的早晨，他啓程前往南法，去尋找華特·班雅明自殺的那座山頭。離開時，他讚美喬治和莎士比亞書店，可是言語當中卻帶有幻滅的暗示。

不過，喬治所遭受的最大打擊是伊芙。雖然她一開始備受禮遇，可是她在書店裡的生活越來越難熬。喬治很早就休息，通常在晚上九點以前就會上床，而伊芙卻喜歡書店裡的夜生活和社交聚會。喬治對於他們倆不能獨處久一點感到不高興，而且也很不喜歡她不在身邊。

一開始像是小倆口間浪漫的嬉鬧，後來情況惡化，喬治開始抱怨伊芙不多讀點書，總是把三樓公寓搞得亂七八糟，而且舉辦茶會的方式也不對。最大的問題，是因爲喬治對於伊芙遲遲沒有答應結婚而感到失望，而且他讓她非常不好過。

有一天她哭著跑來找我，不了解事情怎麼會變成這樣。伊芙來自一個保守的德國家庭，剛到巴黎時還是個笨拙的年輕女孩。他在莎士比亞書店找到了歸屬，這些感覺都與喬治息息相關，而且她也眞心愛他，可是他卻要強迫她去做她不喜歡的事情。

「我要回家了。我再也受不了了。」她眼裡閃著淚光說道：「我沒法嫁給他。」

隔天，她把戒指還給喬治，並收拾行李返回德國。書店裡彌漫著揮之不去的沮喪氣氛。喬治甚至還病了，咳帶濃痰、沒有胃口。我幫他從塞納街的肉店買了新鮮烤雞，他只是要我拿走，還抱怨他年紀太大，經過這些打擊後，如今不知該如何活下去。

這眞是一段黑暗的日子。穿著時髦西裝和自己理髮的日子不復存在，書店門口的午餐盛宴也已成追憶。我想要用啤酒或故事讓他振奮起來，可是他什麼都不要。

「不要管我，」他說：「現在做什麼都沒有用了。」

36

五月的一個禮拜一晚上，那天是十五號。依照傳統，書店裡的朗讀會結束後，大夥會到塞納河畔進行說故事時間。隨著大家的宣傳，加上天氣越來越暖和，說故事時間越來越受歡迎。那天晚上，現場有十幾個人坐在河邊，石階上放著一堆啤酒和紅酒。

這當中有克特，還有第一次參加的路克。他好不容易被我們說服來參加這個定期舉辦的說故事時間，他身穿黑西裝，頭戴軟呢帽，抱著看好戲的心態坐在一旁。還有幾位作家是眞心把它看成一場文學活動。除此之外，人群裡多半是路過書店的年輕男女，一同慶祝年輕的美好和巴黎的自由。

我環視現場人群，有一種不祥的預感。說故事時間一向是私人聚會。在剛開始的幾次聚會中，我們互相傾吐心中黑暗的記憶，當時我們彼此信任，並深信這是非常特別的經驗。而這一晚，氣氛狂亂，春天的氣味激起大家心中的野性。

河邊盡是散步的遊客，許多人停下腳步，好奇地看著這麼一大群說英文的人。我們還吸引了許多平日在河邊無所事事、撿菸頭抽、喝烈啤酒的人。

我和克特商量，移師到安靜一點的地方，然後開始要大夥往下游的方向走，到植物園附近。我發現有人在等朋友加入，違反了我們的規定。我很生氣這些陌生人居然貿然邀請別人過來。

此時，一位年輕的阿爾及利亞男子走過來。他年約二十出頭，身材矮胖，有著長滿斑點的橄欖色皮膚，還留著稀疏的山羊鬍子。他一身巴黎街頭流行的妝扮：瑟吉歐·塔吉尼品牌的運動服，一隻褲管塞進襪子裡、另一隻褲管則捲到膝蓋。他的頭上還斜帶著一頂鱷魚牌白色棒球帽。更重要的是，他的口袋裡塞滿了瓶裝啤酒，另外還夾了三、四瓶在左手腋下。這個人喝醉了，只想找女人、朋友或麻煩，根本不是爲了說故事而來，只因爲我們是很明顯的目標。

起初，他只是斜靠在一旁，和女性談天、問她們的姓名，我們沒怎麼注意他。有一次，他往一個女人身邊靠過去，對方立刻起身移開，我們還是不以爲意。當他腋下的啤酒滑落下來，砸在人行道上，麻煩就開始了。從遠處看，他開始砸第二瓶啤酒的時候，場面非常混亂。

我和克特走過去制止他。我們請他離開的行爲激怒了他。又一瓶啤酒砸落地，這次也許不是意外。克特出手推了這名男子。對方爆粗口，克特揮拳打中他的眉毛上方。他氣憤地跳上來，用力推了克特一把，把克特壓在石牆上。然後，我們全都上前把他們拉住，阻止他們再度出手。對方頭部爆出青筋、用力拉扯，想要脫離我們的鉗制。我不得不說，我當時提議要把這男人丟進河裡，心想冰涼的河水能讓他冷靜下來。

此時，兩位法國人走過來。他們比那位生事者年長一些，但都是同一掛的，也是把運動褲塞進襪子裡，脖子上帶著金屬項鍊、手上拎著大麻菸。也許他們比較守法，因爲他們打斷我們、問我們是否需要幫忙。我們說明情況後，他們提議由他們來解決。於是，兩人便把那名年輕男子拉走。

這段暴力插曲讓當晚更添瘋狂色彩。克特大聲說著想要跟對方打架，其他人也怒氣沖沖地談論著這件事。人群繼續前進，我們在塞納河下游約一千五百英尺之處，發現了位於兩艘船之間的空位。於是大家坐下來，克特和另外一名男子爭著要先開始說故事。

部分的我也想要站在人群前，用精彩的故事來吸引他們。但另一部分的我又想遠離這裡。我想起那些寧靜的二月夜晚、坐在塞納河邊是多麼美好，眼前的一切不復從前。於是我沒有知會任何人，就悄悄地離開了，只依稀聽到克特的聲音迴盪在空氣中。

我回到楚迪位於達居耶街的小公寓，心中很不是滋味，一頭倒下去睡了十二個小時，起來後依舊疲倦。當我終於拖著疲憊的腳步回到書店時，又已經是晚上了。

「他們把克特抓到監獄裡了。」路克有氣沒力地說。

稍早警察來過書店。有名男子在塞納河邊被殺害，他慘遭毒打，然後被丟進河裡。他落水時可能已經沒有意識或者是被暗流吸走，一切要等解剖報告出爐後才能確定。無論死因爲何，他們把屍體打撈上岸，研究案情。

死者生前最後被人看到，是和一群英美人士混在一起。書店顯然是偵查的第一處，而且有人不僅提到了我們的名字，還把我們前晚和死者打鬥的情況一五一十的說出來。警方也留了傳票給我，要我到警局接受應訊。

我上樓到圖書室，喬治把我拉到一旁，責罵我前晚沒有待在店裡。現在書店不僅遭到警方嚴密監視，而且凌晨五點就有人在書店門口叫囂，把他吵醒。他已經向警方申請了保護令。他要好好清查書店，並且嚴格執行午夜宵禁。

「我厭倦了這種愚笨行爲，」喬治告訴我，「這一切必須停止。」

我慢慢地拼湊出前一晚的情況。我離開後，說故事的現場變得越來越隨性。沒有規則、沒有秩序，酒也越喝越多。然後，一行人回到莎士比亞書店前面的廣場。一個叫做強尼的傢伙一直守在店門口。他是個作家，肩膀上有兩個刺青，一個是船錨圖案、另一個則是家庭格言：「不和平，就打仗」。他和克特最後玩起拳擊。他們輪流出拳，一人抬起下巴站好，另一人朝他揮拳。強尼到第三回合才被擊倒，而克特的眉毛被劃了個口子，眼睛也腫起來了。從頭到尾，喬治全看在眼裡，怒不可抑。

克特終於在隔天晚上回來。警察把他關在拘留所和審問室達好幾個小時，想要逼他承認他就是兇手。他們一直問他眉毛上的傷口是怎麼來的，以及前一晚除了在塞納河畔打架之外，還做了哪些事。他們一再把他還押拘留所，讓他心生畏懼。

最後警官坦承，有目擊者看到是兩個男人把那名阿爾及利亞人推入河裡。警察告訴克特，屍體的臉上都是瘀青，顯示他被殺害前曾遭毆打，因此他們才會特別質疑克特臉上的傷。等到克特明白他已經洗脫罪嫌，他又開始擔心待在法國的身分會因爲這次的審問而有問題。還好警方表示這是移民局的事情，然後便要他描述兩名嫌疑犯的長相，以便讓他們在電腦上畫出來。

隔天，我應傳喚到了緬恩大道上的警察局。等到警察向我保證，我在法國的身分不會受到影響，我才鬆了一口氣，而且還很享受整個應訊過程。我在加拿大常和承辦凶殺案的警察聊天，而且我也很喜歡談論犯罪內容。我表示我有記者的背景，然後我們大談此案的困難性。目擊者只說兩位嫌疑犯是年近三十的黑髮男子，當晚在碼頭有一千多人符合這樣的特徵，而整個巴黎更有好幾萬這樣的人。我翻閱了幾本前科犯的照片，可是沒找到嫌疑犯。

這次的事件在莎士比亞書店裡引起小小的騷動。這件案子上了《巴黎人報》，還附上警方乘船在河上打撈的照片。喬治留了一份報導存檔。克特對幾位常客吹噓著整件事的經過，然後還寫了一篇短篇故事，名爲「與強尼．戴蒙交換拳頭」。他從摩洛哥回來後，就對自己的作品變得很有信心。此時，他把故事拿給路克看，路克百般批評，並直言寫得並不好。事後克特非常不以爲然。

「你知道，我已經受夠書店裡那些只會開口批評的人。至少我動了筆，至少我寫出了東西。我完成了《錄影帶英雄》，不是嗎？」

阿布利米特還在醫院，史考特走了，克特也想離開。現在書店裡嚴格執行新宵禁，當外頭的夜晚正要開始熱鬧起來，住客們卻只能躁熱不堪地待在店裡時。莎士比亞書店突然變得不那麼吸引人了。

就在這個時候，我有個刑事律師朋友寫信給我，邀我一起去西班牙。我是在報社跑犯罪新聞時認識威爾，他的事業非常成功，也存了一大筆錢，如今一心想做善事，也許在哥斯大黎加買一塊地蓋醫院或從事其他慈善事業。威爾想要學西班牙文，所以報名了巴塞隆納的語言課程，等他上完課，我們可以開車環遊西班牙。儘管警方已經知道殺人案與我無關，可是我還是關係人。我和許多年輕的記者一樣，奉杭特．湯姆森的《賭城風情畫》48為試金石，我很高興自己能像杭特一樣，在刑事律師的陪伴之下冒險旅行。

整整三個禮拜的時間，我們悠閒的玩遍全西班牙，開車遊歷瓦倫西亞和格拉納達，北上到馬德里後，再回到沿海地區。旅程的最後一天，我們發現了一個無人海灣，於是下去游泳。我發現一隻黃蜂飛得離海面太近，終被浪頭打入水裡。我游過去、想要把牠救起來，但又怕被螫。我用指頭把黃蜂彈離水面兩次，牠都再度落入水裡。可是我又不敢用手捧起它，最後只得看著它在我眼前沉溺，黃黑相間的屍體沒入浪花裡。我就是這樣，我回到岸邊時心裡想著。總是一片好心，但不夠努力。

48 杭特．湯姆森（Hunter S. Thompson, 1937-2005），美國記者和作家，著名作品《賭城風情畫》（Fear and Loathing in Las Vegas, 1971），一九九八年改拍成電影，由強尼．戴普主演。

37

我六月回到巴黎時，店裡幾乎不剩什麼人了。克特的父親心臟病發，於是克特飛回佛羅里達與家人團圓。阿布利米特去了第戎附近的小鎮，參加爲期兩個月的基督教靜修活動。史考特還待在南法。

路克依舊值夜班，賽門還霸占著收藏室，而喬治依舊悶悶不樂，除此之外，我回到書店時，所有的面孔幾乎都不認識。當我看到新人們在書櫃中穿梭，有一種奇怪和陌生的感覺，還感到憤怒與痛苦。這是我的書店，我想要大聲告訴他們。

湯姆和我花了很長的時間討論預兆。我說，要傳達訊息的才稱得上是預兆，像是從吼叫的狗或微笑的女孩這類兆頭來決定一個人的方向。湯姆則覺得一切都發於內心，日常生活中的每分每秒都充滿了成千上百可能有含義的事件，人們依意向來解釋，並賦予意義。若依我的邏輯，如果一個人正對即將到來的挑戰感到緊張，然後過馬路時遇到狗對他吠叫，就是要他放棄努力的徵兆。而依照湯姆的邏輯，在狗吠叫的同時，角落裡有個女孩對著他笑，如果此人不是對狗那麼緊張，就會注意到女孩的笑容，而相信他一整天都會順順利利。

無論是哪一種邏輯，有間公寓送上門來，絕對強烈暗示我該離開莎士比亞書店了。有天我站在店門口，一名女子走過來問我有沒有在找住的地方。女子帶我經過一個擁擠的住宅區，來到第六區的德芬街，然後向我說明她的情況。她是德國人，這間公寓是她和她法國情人的愛巢，兩人在此住了二十幾年。現在他們結婚了，住在德國，可是還留著這間公寓以方便幽會，如果他們需要用錢，就會把公寓租出去。這次她原本準備來這裡過暑假，可是她在柏林的公司突然來了一份諮詢工作，她得立刻趕回去。事實上，她隔天早上就要離開，需要立刻找到能住上四個月的房客。

我們爬了七樓半的階梯，但因爲我太高興了，根本沒有注意到這段路程。公寓裡的裝潢維持著七〇年代的風格，貼著顯眼的黑色銀色壁紙，床鋪旁邊則是一整面鏡子。天花板順著屋頂傾斜、還可以看到外露的木梁。不過最棒的是，室內有兩扇窗戶，站在七樓半的高度遠眺巴黎，紅色黏土煙囪和石板屋頂一望無際。

四個月的租金總共是一萬法郎，我要先付多少都可以。我爲愛爾蘭之旅寫的文章稿費還剩下一些，足以讓我搬進這間位於巴黎的公寓。

一切都是命中注定，即使後來我發現是賽門介紹那名女子來找我，因爲他知道我急於離開書店，我也沒有改變心意。隔天，我輕聲對喬治說再見，就離開了莎士比亞書店。

之後的幾個禮拜，我除了睡覺、閱讀之外，什麼也不做。除了對莎士比亞書店零碎的情緒之外，我心中一無所有。一天一次，我會鼓起勇氣下樓買麵包和起司，然後拖著腳步走上樓，倒臥在床上，繼續讀著看到一半的書，然後睡睡醒醒，惶惶不知終日。楚迪偶爾會來看我，確定我還活著，除此之外，我誰也不見。

到了七月，我的精神已經恢復，開始和湯姆與尼克一起喝啤酒，度過愉快的下午。尼克就是之前慫恿我詐騙FNAC的那個老朋友，CD退換事業已經做不下去，因此他在赫勒市場附近開了一家身體彩繪店。他找到可取代散沫花染劑的便宜染粉，因此開了這家店，專門幫人在身體上畫龍和花朵。視彩繪大小，每次收費從五十到一百法郎不等。有時光是尼克一個人，幾個小時就可以賺進一千法郎，加上湯姆再設一個座位，可以多賺六百法郎。他們常常坐在戶外等候顧客上門，我時常在下午帶著啤酒造訪，和他們作伴。

在繳房租的壓力之下，我急需用錢，因此投入奢侈品事業。工作內容是銷售LV皮包給利基市場，這樣的工作只有我這樣的人適合——年輕、白人、說英文，而且手頭緊。當時，LV皮包在日本和韓國等地極度受歡迎。而且，不但價錢是法國的好幾倍，還限量供應。亞洲遊客來到巴黎，對他們來說，在LV專賣店買皮包，所付的價錢和在自己國家相比，只有幾分之一。每天下午經過巴黎任何一家LV專賣店，櫃臺前一定都是大排長龍，而且顧客絕大部分都是日本人和中國人。他們不但得被迫在門口排隊等候，就算好不容易進去了，我注意到，店員多半把他們視爲病毒，對他們的說話腔調嗤之以鼻，而且還限制每人只能買兩件商品，一個手提包加一個零錢包。

另一方面，歐洲富人購買LV時卻備受禮遇，如果你是白人，穿著又夠時髦，就可以不用排隊，而且想買什麼就買什麼。因應這樣的差別待遇，黑市越來越猖獗，於是出現像我這樣的掮客幫客戶到ＬＶ專賣店購買皮包。

我的黑市聯絡人是從上海來、名叫芙蘿拉的可愛年輕女子。我有個朋友有天在法文課下課時認識她。老師要學生準備口頭報告，題目是「我的願望」。我朋友說，她希望有足夠的錢可以探訪父母。下課時，有位同學走過來，說她有辦法在一個下午賺到機票錢。就這樣，芙蘿拉找到了幫她跑腿的幫手。

這眞是份了不起的工作。第一天，我穿著我買來的二手藍色絲絨西裝外套，在香榭儷舍大道等候芙蘿拉。她拿給我一萬五千法郎的現金和一本商品目錄。她告訴我要買哪幾個皮包，然後把我帶到蒙田大道上的精品店。起初，我認爲她隨隨便便就把這一大筆現金交給我這個陌生人，眞是不可思議；後來，我注意到有臺藍色的休旅車側門開著、慢慢地從我身邊駛過，上面有三個男人正拿著攝影機對著我拍攝。

我緊張地走向店裡，越過大約八十幾位排隊苦等的亞洲人。進去後，我找了最漂亮的店員，向她說明我的問題。我和樂團一起來巴黎表演。然後，我還停下來問她有沒有聽過我的樂團，「悲慘流行」，我用的是歐洲人比較不熟、但在加拿大很有名的樂團名字，以免被發現我不是團員。後來，還有幾位店員眞的佯裝認出我。

接著，我提出了我的難題——我答應母親要趁我在巴黎時幫她買個ＬＶ皮包，我不懂外面爲什麼會大排長龍。

真是太容易了。第一天，我就買到了兩個皮包，花了一萬四千法郎，交給了滿面春風的芙蘿拉。我的佣金是收據的百分之十二，因此我拿到了一千六百法郎的現金，幾乎相當於我一個月的房租。不過，這份工作越來越難做，因爲店家會追蹤商品和護照號碼，以便打擊我所參與的這種黑市。這表示每一家ＬＶ精品店只能去一次，還要能夠回答關於造訪其他過季商店等意外問題。

我在這份短命的工作期間，跑遍巴黎五家ＬＶ專賣店，已經惡名遠播，被趕出店外。有一次，隨時都在苦思賺錢方法的湯姆陪著我一起，對方借了我們一輛車，又拿給我們四萬八千法郎的現金，以及兩萬法郎的旅行支票，要我們開車到里爾和布魯塞爾的ＬＶ專賣店購買商品。那一整天，我們都努力壓抑著想要直接開到布達佩斯或伊斯坦堡度假的欲望。

那一次的路程中，我唯一的懊悔，就是沒有順便買個愛馬仕皮包賺取更高額的佣金。愛馬仕專賣店比ＬＶ還要難進，而且他們的訂單都已經排到兩年之後。不過，有傳聞指出，愛馬仕會在店裡保留一兩個包包，爲哪個名人或富豪突然造訪做準備。如果你買得到這樣的皮包，一次就有五千法郎的佣金進帳。有一次，我和湯姆來到多維爾海灘度假中心，買完ＬＶ後，湯姆到愛馬仕試試運氣。他的表演才華發揮了效果，眼看著五千法郎的佣金就要入袋，我們這才發現，我們身上沒有足夠現金來買愛馬仕的皮包，對方給我們的現金不夠。但這已經是我們最幸運的一次了。

七月末了，我收到一封電子郵件，寄件人就是十二月打電話向我催命的男子。他告訴我一個重要的消息──他要結婚了，還邀請我參加他的婚禮。

我當下立刻懷疑這可能是陷阱，不過我仍繼續讀下去。他愛上了一個女人，還要跟她搬到多倫多。他甚至找了一份正當的職業，用他善於騙人的魅力，在電子產品銷售員的職位上獲得不錯的薪水。更令人驚訝的是，他居然感謝我。我一直規勸他離開那個他前科累累的城市，我在書裡公布他的姓名後，更逼得他非離開不可。不管我是不是壓垮駱駝的最後一根稻草，反正他告訴我現在一切撥雲見日。他還是對於我們之間的誤會很不高興，可是他願意把它忘記，或者把它埋藏在心底深處。

我心中的大石落地，可是卻湧出一種失落感。如果我不用再躲避，那我現在究竟在幹什麼呢？

整個夏天，我過一天算一天，可是我越來越感到無所適從。一個濕熱的八月夜晚，我在楚迪的公寓裡，她坦承她在巴黎的生活煩躁不安、一事無成。這是一段很精采的冒險、很精采的戀愛，但她不準備一輩子幫別人帶小孩。她詢問了義大利的大學，發現還來得及申請秋季入學。我們承諾彼此繼續保持聯絡，而如果距離沒有沖淡我們之間的感情，也許有一天還要再見面。現在只能做做這樣的白日夢了。

夏天過去後，我又回到書店拜訪喬治。剛開始我在辦公室工作，幫忙整理自傳、編排圖書順序。我們還拿出紀念冊，喬治決定還是將它付梓，並且先修改內容，把對門公寓被旅館大亨搶走的事情也記錄進去。其中一段讀起來甚至有求助的感覺。

我在西元一九五一年開了這家書店，這裡是巴黎中心的貧民窟，附近都是街頭劇院、江湖醫生、垃圾場、破爛的旅館、紅酒商店、小型洗衣店、針線商店和雜貨店。當初在一六〇〇年代的時候，位於貧民窟中央地帶的這棟建築還是一間修道院，日落時分修士都會點燈。我似乎接下了他的使命，因為五十年來，我一直是你的點燈者——現在，這位點燈者希望有人能傳承他的使命。

紀念冊終於出版，對我們這些製作者造成了截然不同的影響。紀念冊送達時，我們和喬治舉杯慶祝，這次的編輯經驗讓路克大受激勵，決定投身出版業。他想要執行他的「原點」計畫，我們決定一起合作。我一面繼續在書店工作，一面和路克一起創業，似乎有了正常生活的假象。

可是紀念冊出版後，喬治卻病倒了，這才開始擔心死亡的事情。與他同期的友人多半已經辭世，他努力連絡所剩無幾的朋友。喬治說，就連佛林蓋堤都不理他了，因爲經銷商的一個錯誤，莎士比亞書店已經不再販售城市之光的書。

有天下午，他向我訴說托爾斯泰獨自死去的故事。他把自己鎖在火車廂裡，不讓門外傷心絕望的妻子進去道別。然後，喬治又考我馬克斯葬禮的問題。

「你認為有多少人到場致哀？」他問道。

我猜有幾百人吧，可是喬治憂鬱地搖頭。

七個。

「我不知道怎麼會這樣。」他嘆口氣，「沒有人知道。我不喜歡人們假裝知道。生命只是分子排列的結果。」

喬治連外表都不一樣了。伊芙離開後，他變得散漫、心不在焉，他提早上床，沒有精神。他不斷告訴我，他不知道還能經營莎士比亞書店多久，而他還眞的在八月份生了一場重病，彷彿一語成讖。他的身體變得非常孱弱，連起床的力氣都沒有，並且開始吐血。他甚至連固體食物都無法下嚥，而我從超市買來的高蛋白飲料也沒什麼幫助。

每每與醫院約診，喬治總是忘記前往。然後，他的眼睛也出了問題，他告訴我，它需要動手術割除白內障。突然之間，他變成名符其實的八十六歲老人，我納悶我那位揮舞著木板、用烈啤酒把我灌醉的朋友到哪去了。

到了九月，天氣突然轉冷，喬治再度生病。他又臥床不起、我又聽到咳嗽聲迴旋在樓梯間。眼看濕冷的冬天就要來臨，我第一次開始擔心他也許撐不到另一個夏天。

我父親最喜歡的書是《一路上有你》。書中矮小的歐文不斷從同一個位置練習投籃，助攻灌籃，踩著朋友的手去觸及籃框。他不喜歡打籃球，卻沒來由地使勁練習，讓動作臻於完美。一切彷彿命中注定。長大後，有一次他在機場遇到一名恐怖分子把手榴彈丟到一群孩童旁邊。他利用當年投籃的技巧，把炸彈丟出氣窗，突然間，他明白他以前爲什麼非要練好投籃不可。

我跑社會新聞那五年，不斷磨練追查人的技巧。當初我用這份技巧來找出被控酒駕而自殺男子的前妻似乎是大材小用，現在又突然有了用武之地。

九月初，我訂了前往倫敦的火車票，並告訴喬治我要去辦點事情。我沒有具體說明我要做什麼，他也沒有問。不過，我要離開的前一天，他第二次給我錢。他把一張五十英鎊的鈔票塞在我手中，要我請某人去吃晚餐，並且還推薦了一家俯瞰泰晤士河的中國餐廳。

38

歐洲之星眞是引發幽閉恐懼症的最佳場所。你以高速呼嘯前進，離那片廣闊海洋越來越近，然後違反一切邏輯，火車將從海底通過。當火車向下進入黑暗後，人們腦中難免浮現恐怖分子帶上火車的塑膠炸藥在隧道裡爆炸的畫面。經過提心吊膽的二十分鐘，火車終於上來到英國陸地，進入一般鐵路系統，一路晃到倫敦，讓一頭的冷汗有足夠的時間風乾。對於法國乘客來說，最大的笑話就是終點站的名稱，滑鐵盧，這是法國軍隊史上痛苦的回憶。

倫敦實際要比巴黎大，獨棟房屋比公寓大樓多，不適合步行。去哪裡都得搭地鐵，而且我還失望地發現這裡的地鐵防範措施做得比巴黎嚴密，出入口都有警衛監視。光是在城裡來去，就會花掉很多錢。

市區的感覺也很不一樣。倫敦是忙碌的金融中心，就像紐約和多倫多一樣，人們說話的時候，眼睛都看著遠方，表明他們趕著去其他地方。人們一面急走一面喝咖啡，而且放眼望去，看不到任何路邊咖啡座。

喬治是一年前收到雪維兒的明信片，寄件地址是倫敦大學的學生宿舍。宿舍辦公室基於隱私考量，拒絕透露學生的詳細資料，不過我和工友聊天時，他憶起一年前住在這裡的女孩。他記得雪維兒當時是斯拉夫與東歐研究學院的學生。

我到了學院，行政人員也強調保護學生隱私，不過我還是找到一位曾教過雪維兒的教授。我向他說明事情的困難性、並提到喬治健康狀況每況愈下，他同意幫忙。學校還沒開學，不過，他說學生還是會進出教學大樓，辦理註冊並準備下一年度的課業。我留了一張寫給雪維兒的紙條給他，然後在大樓周遭張貼簡短訊息，請她與我聯絡。我只能留我的電子郵件地址給她，於是，當天我除了到泰晤士河邊閒晃，就是一直跑網路咖啡館。

隔天早上，我又回到大學，詢問那位教授有沒有消息，然後又再張貼了幾張留言。我坐在學院大廳，就這樣，三、四個小時看著人來人往，直到疲累不堪才離開。當天下午，我逛完國家美術館後，在街腳看到一家網路咖啡館。收到了雪維兒的電子郵件，她留了手機號碼給我。我找到一座公共電話亭撥號給她，她的收訊很不清楚，但我們還是約好當晚在布魯斯貝利地鐵站附近見面。

我提早半小時來到約定地點，盯著每一位經過的年輕女子，不過要錯過她並不容易。她是個笑容可掬的金髮女子，最特別的是她的眼珠——淺藍色，就像她父親一樣。我在電話裡沒有多說，所以她很好奇我為何來訪，也擔心她父親。我們來到附近一家酒吧，她為我們點了兩杯啤酒。

「我就直話直說了。」我開口。

我告訴她來到巴黎的緣由，以及她父親如何接納我，幫助我重拾人生意義。我提到，他常常提及她，而且非常想念她。如今他沉痾難起，加上書店前途未卜，喬治非常希望雪維兒能再度造訪莎士比亞書店，修補父女關係。我告訴她，不管過去發生過什麼事，她不能把父親當作陌生人。他年近九十，如果她現在不把握機會，可能永遠見不到他了。

雪維兒的反應以困惑居多。五年來，她持續寄卡片和信件，可是從來沒有回音。她以爲他太忙碌沒時間理她，再加上她母親曾描述過書店生活有多瘋狂，而喬治又有與他愛的人保持距離的傾向。幾年前她曾造訪巴黎，好不容易鼓起勇氣來到書店，可是她記得父親的反應讓她卻步。她走進書店，書店的氣氛和住客讓她有些害怕，而喬治好像也沒有時間陪她，於是她帶著悲傷、受辱的情緒離開了。

我們又談了一會兒，雖然雪維兒不確定她母親會怎麼想，但她還是決定再去看看她父親。

當時是周五晚上，我預定隔天離開。雪維兒已經開始演戲了，在學校演過湯姆·史托帕[49]、奧斯卡·王爾德和莎士比亞等人的劇作。那段時間，她正在排演契訶夫的《櫻桃園》，不過她表示會儘量排開時間，下周到巴黎來。我擔心她會變卦或有事耽擱，於是提議她先跟我去個一兩天。她翻翻行事曆，最後答應周一到巴黎，並在書店住幾天。我當下就要幫她買車票，可是她需要趕去排演，於是我們約好隔天上午在火車站碰面。

49 湯姆·史托帕（Tom Stoppard, 1937- ），英國劇作家，一九九八年以《莎翁情史》獲得奧斯卡最佳原創劇本獎。

我們走出酒店，我要求她讓我照幾張相片。喬治手上最近的照片，是雪維兒還小的時候，我想照些照片給喬治看，讓他爲女兒的來訪做好準備。於是她在昏暗的夜光中露出笑容，我拿出臨時買來的立可拍，爲她拍了幾張照片。她向我揮揮手，告訴我明早再見。

當晚，我因爲終於見到雪維兒而高興不已，又擔心她隔天會改變心意、放我鴿子，眞是心煩意亂。我在旅館睡了幾個小時，然後就走到火車站。讓我驚喜的是，雪維兒已經早一步抵達了。我爲她買了一張歐洲之星火車票，並仔細記下她到達巴黎的時間，然後就與她道別。

39

我到達巴黎的時候，已經是周六傍晚。我來到書店時，喬治因爲身體不適早早就已上床。於是我隔天一大早又過來，才想起這天是禮拜日，於是我上樓加入大夥一起吃鬆餅，喬治塞了一個盤子給我，我便和幾位睡眼惺忪的住客一起坐在餐桌前。這些人我一個也不認識。我聽著他們說著對鬆餅類似的批評，以及住在莎士比亞書店的種種奇怪經驗。我把雪維兒的照片放在口袋裡，希望大家趕快離開，好讓我把這個消息告訴喬治。我急於獲得他的肯定，就像成績優異的小男孩盼望母親趕快回家，要拿成績單給她看。

有個年輕男子坐在遠處，慢慢地享受著他的鬆餅。他的外表實在太特別了，我沒有辦法不注意他。他身型憔悴，身高和我差不多，膚色蒼白、帶著一副黑框眼鏡。最特別的是他的頭髮：及肩的長度，像我一樣；色澤橘紅，也像我一樣。他叫做阿德里恩，才剛住進書店。我不常看到和我外貌相仿的人，因此不禁懷疑這可能不只是巧合。

冗長的早餐終於結束，雜務分工完畢，大夥一哄而散。我跟著喬治走進後面的房間，並表示我有重要的事情要談。他惱火地看著我，然後坐在床上。

「我見到雪維兒了，她明天要來巴黎。」

喬治卻畏縮了。「我就知道你會做這種蠢事。我不希望她來，我不想要她看到我這個樣子。我病了，一切都太遲了。」

他站起來把臥房的書本排好。「店裡一塌糊塗，太丟臉了。不能讓她看到這個樣子。」

我表示她隔天晚上才會到，我們還有一天半的時間來打掃。他低聲咕噥了什麼，好像是說他對我失望，我毀了一切。我把照片給他，他坐下來一張一張仔細地看著，儘管他還想生氣，但嘴角卻露出笑意。我說，他可以留著這些照片，他向我道謝後，就拿出其中一張最漂亮的照片，放在床頭櫃上。我問他是否要我幫忙打掃，他揮手拒絕。

「你做的已經夠多了。」他還是用生氣的語調說著。不過，當我起身準備離開時，喬治拉住我的手臂。

「明天過來。你得陪我到車站接她。」

我從他黯淡的眼珠後方，看到了快樂的光芒。

隔天我回到書店時，喬治顯然已經叫住客們完成了一切工作。地板光亮、前門櫥窗展示著花朵和美麗的藝術叢書。書架上的陳設尤其令人眼睛爲之一亮。沒想到，阿德里恩是個聰明又有效率的人，他曾在牛津大學念文學，非常擅長整理混亂的圖書。

到了樓上，準備給雪維兒睡的公寓已經清掃乾淨，冰箱裡也堆滿了各式各樣的食物。喬治穿著湯姆在那年春天送給他的那件條紋長版西裝，儘量表現出最佳狀況。他慌張地拉著我一起做最後的檢查。

「我告訴大家，我女兒的朋友要來。她的名字是艾蜜莉，所以每個人都會叫她艾蜜莉。」

我表示，如果書店裡每個人都叫錯名字，雪維兒可能會不高興，可是他堅持要保護她，以免她的到來太引人注目。

「一定會很有趣的。」他一面說著，一面抱著一堆要給雪維兒用的乾淨床單走上樓。

「她是演員，對不對？」

那天晚上，我們搭地鐵到北站等候歐洲之星火車抵達。火車誤點了，喬治一直說她可能不會來了，然後五度問我有沒有記錯時間。我害怕會不會是最後一刻出了什麼問題，我會不會燃起喬治的希望，又一手讓它破滅。

最後，火車終於姍姍來遲，喬治伸長著脖子尋找他女兒。他們看到彼此，雪維兒立刻跑過來擁抱她父親。在火車站重逢和別離感受特別深刻，這是有原因的；在北站的吵鬧和擁擠當中，他們的擁抱發出共鳴。

時間已晚，再加上情況特殊，於是我問喬治要不要坐計程車。他還沒回答，雪維兒已經開口，眞是有其父必有其女。

「計程車？有地鐵可坐何必花這個冤枉錢。太蠢了！」

喬治只是一味笑著。

我們返回書店途中，談論著歐洲之星和天氣。雪維兒看到地鐵上要孩童小心自動門的警告標誌時，大吃一驚。那是一隻吸吮著手指的粉紅色卡通兔子，她用手指描著兔子的耳朵。

「我還記得我小時候看過這個。」

快十一點時，我們到達書店。雖然喬治已經筋疲力盡，他還是端出好幾盤食物和啤酒杯，我們簡單地吃了晚餐歡迎雪維兒，並向所有人介紹她是艾蜜莉。不過，大家都想不通喬治怎麼會花那麼多精力來歡迎一個從倫敦來的陌生學生演員，但沒有人質疑眞相。午夜時分，晚餐結束，我起身告別，讓喬治和雪維兒能夠安靜的談心。

隔天晚上，我又來參加喬治規畫的另一場晚餐聚會。此時，已經有耳語傳出這個叫艾蜜莉的演員其實就是喬治的女兒雪維兒，但他似乎毫不在意。雪維兒的臉龐閃耀著光采，喬治興奮地在她身邊忙東忙西，儘量不要讓自己顯得太快樂，但他顯然做不到。等待咖啡的時候，父女倆並肩坐在一起，雪維兒還把頭靠在父親的肩膀上。

我負責隔天下午陪雪維兒到火車站。「我會再回來的。」我們到達北站時她對我說：「也許下個月，等我的排演行程比較輕鬆、學校的課比較少的時候，我就會過來。」我陪她走到月臺，一路上兩人不發一語，似乎我們都知道有太多的話要說，不知從何開口。她與我擁抱，然後就上車返回倫敦。

我突然覺得非常疲累，甚至還在返回書店的地鐵上睡著了而坐過站，所以我得從盧森堡公園走回莎士比亞書店。我到書店時，發現喬治在辦公室。他假裝對雪維兒生氣。他要她答應明年夏天過來管理書店，可是她沒有馬上答應，又說書店一團亂，還有……還有……此時我告訴他雪維兒非常期待下個月再來，他再也無法假裝，而高興地笑出聲來。

冰箱裡有兩瓶冰涼的青島啤酒，我們就坐在三樓公寓，一面喝著啤酒一面欣賞陽光不斷改變聖母院的色彩。他露出若有所思的眼神，就像我第一次看到他那樣，我再次告訴他，我能在一月那個雨天走進莎士比亞書店，實在是非常幸運。此時喬治打斷我的話。

「你知道，這正是我對這地方的期許，」他說：「我看著對岸的聖母院，有時會把這家書店想成是這座教堂的一部分，專門收容那些不適應外面世界的人。」

我了解。我們就這樣喝著啤酒直到日落，然後再一起坐了一會兒。當喬治已經睏得頭重如裏時，我答應再來看他，然後便離開書店。

後記

我寫這本書時，人在馬賽。這裡是法國第二大城，是南邊地中海岸忙碌的港口，在法國境內，算是離巴黎相當遠的地方。我爲愛來到這裡，我對這個決定無怨無悔。這裡沒有首都的博物館、紀念碑和遊客的鈔票所堆積起來的虛華，可是當我走在山坡上蜿蜒的街道中，有時會覺得自己對於人類心靈看得比較透徹。

我離開莎士比亞書店已經四年，到現在才開始思索那一段時間對我的意義。我從喬治那裡聽來的近況，讓我難以重回往日生活。我還是會讀他寄給我的書，雖然我不是忠心耿耿的共產黨員，但他爲我開啓了另一條我從未想過的思考方向。

現在喬治已經九十歲了，依舊做著理想國的美夢。他還不斷想辦法買下那間公寓，同時也指望那位旅館大亨會突然了解莎士比亞書店絕不可能搬離。他的成就讓書店在這裡根深柢固，而且傳承似乎永遠不會終止。我期待喬治的樂觀想法成眞。他繼續收留那些流浪的訪客、繼續舉辦茶會、繼續發送激進的書籍給客人閱讀。走進店裡，隨時會看到另一個克特、另一個娜迪亞、另一個傑若米。店裡充滿懷抱希望的眼神。

我還依稀記得，我逃離一切黑暗罪惡來到巴黎，準備迎接任何際遇，準備相信任何事情。然後我發現莎士比亞書店，毫不保留地投入它的懷抱。

從倫敦回來沒多久，我身上的錢就花光了，於是我搬進路克的公寓。公寓還在整修，所以不用付租金，可是有很長一段時間沒水沒電，我還睡在滿是灰塵的地板上。不過住過書店後，我已經百無禁忌。

我和路克最後開了一家小出版社，這個天眞的事業規模居然越來越大，最後，我們把它讓給各個藝術文藝團體來經營，然後一年過去、兩年過去，這份巴黎夢想還不斷延續著。路克最後辭掉莎士比亞書店的工作，帶著筋疲力盡的身軀搬到了義大利，現在以教英文和寫作維生。克特在父親康復後又回到莎士比亞書店，儘管他努力嘗試，還是無法重現往日風光。他四處投稿他的《錄影帶英雄》，雖然屢屢碰壁，但並不氣餒，還期許有一天這份作品能夠出版。阿布利米特目前住在多倫多，會定期寄電子郵件給我，並在信裡臭罵加拿大政治，同時也宣揚他的基督教信仰。

我上一次看到賽門，他正從杜嘉·班納專賣店走出來。他買了一條褲子、一件襯衫和一件外套，總價超過他以前在書店三個月的花費。他母親去世，因此繼承了一筆遺產，讓他終於能夠搬出莎士比亞書店。他現在正考慮買一間公寓，也許在里斯本，也許還要自己開一家書店。

前晚我才和那個威脅要殺我的人通電話。我們現在已經一笑泯恩仇。我承認當時我有點反應過度；他則承認他在電話裡非常生氣，還曾突然跑到我的公寓裡，想要讓我措手不及。我們在電話裡再度感謝彼此。那次的事件讓他認識了現在的妻子，如今他們有一個可愛的孩子和漂亮的家園。若沒有那通威脅電話，我可能不會離開故鄉，當然也就不可能發現莎士比亞書店。

也許是我多愁善感，不過現在書店人事已非。潘尼斯的店狗阿莫斯死掉了，然後他們把廁所裡豪華的馬桶換成站立式的設計。我現在如果坐在吧臺前，幾乎看不到任何熟悉的面孔。位於聖夏克街角的波麗瑪古酒吧已經關門大吉，原建築現在已經改建成三星旅館。改建的傳聞流傳已久，但在某一天晚上獲得證實後，隔天酒吧立刻被剷平，整棟建築也被圍起來。更糟的是，新的波麗瑪古酒吧在半條街之外重新開張，環境乾淨、高尚，可是已經沒有了靈魂，哦！完全沒有靈魂。

至於莎士比亞書店本身，現在一切都很順利。我對於那位紅髮的阿德里恩的直覺是對的，他成爲書店的日間經理，是個超級工作狂，爲喬治分擔不少工作。如今他也要離開了，不過他會等到雪維兒住進書店才會走。

這也許是整個故事最棒的一部分。一個禮拜後，雪維兒依約返回巴黎，然後隔年春天又來造訪，在店裡待了一整個夏天。如喬治所願，她每天四點到八點在櫃臺工作，一點一滴的學習書店事業。她非常適應書店裡的生活，甚至還撥空籌劃了《仲夏夜之夢》喜劇演出，地點就在店門口廣場。

如今，她慢慢接掌書店。當然，喬治還在店裡，監督著他女兒的工作，抱怨他以前做得比較好。這已經不屬於我的故事範圍，不過我可以說，一切都非常順利。書架堆滿圖書，而且乾淨整潔，店裡有條不紊，喬治顯得比以前還要快樂。不過改變有好有壞，店裡現在裝了電話，也接受信用卡付款。這不是壞事。我想，只是和我所知道的莎士比亞書店不一樣了。

【Eureka 文庫版】 ME2106

愛上莎士比亞書店的理由

Time was soft there :
A paris sojourn at Shakespeare & Co.

作　　者❖傑若米・莫爾瑟 Jeremy Mercer
譯　　者❖劉復苓
封面插畫❖CHIH 制図所
封面設計❖蕭旭芳
內頁排版❖HAMI
總 編 輯❖郭寶秀
責任編輯❖郭棤嘉
行銷企劃❖許弼善

發 行 人❖凃玉雲
出　　版❖馬可孛羅文化
10483臺北市中山區民生東路二段141號5樓
電話：(886)2-25007696
發　　行❖英屬蓋曼群島商家庭傳媒股份有限公司城邦分公司
10483臺北市中山區民生東路二段141號11樓
客服服務專線：(886)2-25007718；25007719
24小時傳眞專線：(886)2-25001990；25001991
服務時間：週一至週五9:00～12:00；13:00～17:00
劃撥帳號：19863813　戶名：書虫股份有限公司
讀者服務信箱：service@readingclub.com.tw
香港發行所城邦（香港）出版集團有限公司
香港灣仔駱克道193號東超商業中心1樓
電話：(852)25086231　傳眞：(852)25789337
E-mail：hkcite@biznetvigator.com
城邦（馬新）出版集團
Cite (M) Sdn Bhd
41, Jalan Radin Anum, Bandar Baru Sri Petaling,
57000 Kuala Lumpur, Malaysia
電話：(603)90563833　傳眞：(603)90576622
E-mail：services@cite.my
輸出印刷❖前進彩藝有限公司
二版一刷❖2023年06月
二版二刷❖2023年09月
紙書定價❖370元
電子書定價❖259元

國家圖書館出版品預行編目(CIP)資料

愛上莎士比亞書店的理由 /傑若米.莫爾瑟(Jeremy Mercer)作; 劉復苓翻譯. -- 二版. -- 臺北市 : 馬可孛羅文化出版 : 英屬蓋曼群島商家庭傳媒股份有限公司城邦分公司發行, 2023.06
面；　公分. -- (Eureka文庫版 ; ME2106)
譯自 : Time was soft there : a paris sojourn at Shakespeare & Co.
ISBN 978-626-7156-87-2(平裝)
1.CST: 莫爾瑟(Mercer, Jeremy) 2.CST: 莎士比亞書店 (Shakespeare and Company (Paris, France : 1964-)) 3.CST: 書業 4.CST: 傳記 5.CST: 法國巴黎

487.642　　112005876

ISBN 978-626-7156-87-2
EISBN 9786267156896

城邦讀書花園
www.cite.com.tw